植 | 物 | 造 | 景 | 丛 | 书

地被植物景观

周厚高　主编

U0222690

江苏凤凰科学技术出版社

图书在版编目（CIP）数据

地被植物景观 / 周厚高主编 . -- 南京 ：江苏凤凰
科学技术出版社 ，2019.5
　（植物造景丛书）
　ISBN 978-7-5713-0235-1

　Ⅰ . ①地… Ⅱ . ①周… Ⅲ . ①地被植物－景观设计
Ⅳ . ① TU986.2

中国版本图书馆 CIP 数据核字 (2019) 第 059692 号

植物造景丛书——地被植物景观

主　　　编	周厚高
项 目 策 划	凤凰空间／段建姣
责 任 编 辑	刘屹立　赵　研
特 约 编 辑	段建姣

出 版 发 行	江苏凤凰科学技术出版社
出版社地址	南京市湖南路1号A楼，邮编：210009
出版社网址	http：//www.pspress.cn
总 经 销	天津凤凰空间文化传媒有限公司
总经销网址	http：//www.ifengspace.cn
印　　　刷	北京博海升彩色印刷有限公司

开　　　本	710 mm×1000 mm　1／16
印　　　张	12
字　　　数	230000
版　　　次	2019年5月第1版
印　　　次	2024年1月第2次印刷

标 准 书 号	ISBN 978-7-5713-0235-1
定　　　价	88.00元

图书如有印装质量问题，可随时向销售部调换（电话：022-87893668）。

前言 | **Preface** | ● ● ●

中国植物资源丰富，园林植物种类繁多，早有"世界园林之母"的美称。中国园林植物文化历史悠久，历朝历代均有经典著作，如西晋嵇含的《南方草木状》、唐朝王庆芳的《庭院草木疏》、宋朝陈景沂的《全芳备祖》、明朝王象晋的《群芳谱》、清朝汪灏的《广群芳谱》、民国黄氏的《花经》、近年陈俊愉等的《中国花经》等，这些著作系统而全面地记载了我国不同时期的园林植物概况。

改革开放后，我国园林植物种类不断增多，物种多样性越发丰富，有关园林植物的著作也很多，但大多数著作偏重于植物介绍，忽视了对植物造景功能的阐述。随着我国园林事业的快速发展，植物造景的技术和艺术得到了较大进步，学术界、产业界和教育界的学者及工程技术人员、园林设计师和相关专业师生对植物造景的知识需求十分迫切。因此，我们主编了这套"植物造景丛书"，旨在综合阐述园林植物种类知识和植物造景艺术，着重介绍中国现代主要园林植物景观特色及造景应用。

本丛书按照园林植物的特性和造景功能分为八个分册，内容包括水体植物景观、绿篱植物景观、花境植物景观、阴地植物景观、地被植物景观、行道植物景观、芳香植物景观、藤蔓植物景观。

本丛书图文并茂，采用大量精美的图片来展示植物的景观特征、造景功能和园林应用。植物造景的图片是近年在全国主要大中城市拍摄的实景照片，书中同时介绍了所收录植物品种的学名、形态特征、生物习性、繁殖要点、栽培养护要点，代表了我国植物造景艺术和技术的水平，具有十分重要的参考价值。

本丛书的编写得到了许多城市园林部门的大力支持，和兆荣、刘久东参与了前期编写，王斌、王旺青提供了部分图片，在此表示最诚挚的谢意！

编者
2018 年于广州

Contents
目录 ...

第一章 地被植物概述

◇ 造景功能 ◇

地被是近年园林建设十分重视的植物景观，不仅具有良好的景观效果，而且具有良好的生态效应。地被不仅可以独立作为园林景观，还可以与其他类型景观植物配合，营造层次更丰富、生态更稳定的人工景观群落。

地被植物的定义

地被植物是指覆盖、绿化、美化地面及构建绿地最下层景观的观赏植物。除景观效果外，地被植物还有防止水土流失、吸附尘土、净化空气、减弱噪声、消除污染的作用。地被植物应具备下述特性。

维护成本低

地被植物常选用多年生的、常绿或绿色期较长的植物以延长观赏和利用的时间，也可选用一、二年生草花和其他植物作短期绿化美化。其具有较为广泛的适应性和较强的抗逆性，耐粗放管理，能够适应较为恶劣的自然环境。地被植物在全部生育期内均可以露地栽培。

良好的生物学特性

地被植物繁殖容易，生长迅速，覆盖力强，耐修剪。具有匍匐性或良好的可塑性，植株相对较为低矮。在园林配置中，植株的高矮取决于景观的需要，可以通过修剪人为控制株高，也可以进行人工造型。其高度有30cm以下、50~60cm、70~80cm、80~100cm等几种。使用灌木时，应选用生长缓慢或耐修剪者，修剪后萌芽、分枝力强，枝叶稠密。

地被植物具有发达的根系。有利于保持水土，提高根系对土壤中水分和养分的吸收能力，或者具有多种变态地下器官，如球茎、地下根茎等，以利于贮藏养分，保存营养繁殖体，从而具有更强的更新能力。

良好的观赏和景观效果

地被植物具有美丽的花朵或果实，而且花期越长，观赏价值越高。其具有独特的株形、叶形、叶色和叶色的季相变化，给人绚丽多彩的感觉。群体效果好。

良好的安全性

植株无毒、无异味、无刺。种群容易控制，不会泛滥成灾。

良好的生态、经济功能

地被植物具有较强或特殊净化空气的功能，如有些植物吸收二氧化硫和净化空气能力较强，有些则具有良好的隔音、降低噪声和吸尘作用。它还具有一定的经济价值，如药用、食用或为香料原料等，将地被植物的生态功能与经济功能结合起来，效果更佳。

上述特性并非每一种地被植物都要全部具备，可以根据立地条件和景观营造的需要，突出和利用其中的某些特性，达到最佳景观效果。

地被植物的分类

生物学、生态学特性分类 I

- 草本地被植物
草本地被植物有麦冬（*Liriope* spp.）、三叶草（*Trifolium repens*）、红绿草（*Alternanthera bettzickiana* cv. Tricolor）等。
- 灌木类地被植物
灌木类地被植物有龙船花（*Ixora chinensis*）、杜鹃（*Rhododendron* spp.）、栀子（*Gardenia jasminoides*）等。
- 藤本及攀援地被植物
藤本及攀援地被植物有金银花（*Lonicera japonica*）、常春藤（*Hedera helix*）、爬山虎（*Parthenocissus heterophylla*）等。
- 矮生竹类地被植物
矮生竹类地被植物有箬竹（*Indocalamus latifolius*）、凤尾竹（*Bambusa multiplex* cv. Nana）、鹅毛竹（*Shibataea chinensis*）、菲白竹（*Sasa fortunei*）等。

- 蕨类地被植物

蕨类地被植物有凤尾蕨（*Pteris* spp.）、蕨菜（*Pteridium aquilinum* var. *latiusculum*）、卷柏（*Selaginella* spp.）等。

- 特殊环境地被植物

是指适宜在水边湿地种植的慈姑（*Sagittaria sagittifolia*）、菖蒲（*Acorus calamus*）等，以及耐盐碱能力很强的蔓荆（*Vitex trifolia*）、珊瑚菜（*Glehnia littoralis*）和牛蒡（*Arctium lappa*）等。

- 临时性地被

是指为了短期绿化、美化，采用易种植、易管理、易成形的植物种类建植的地被，如用小麦（*Triticum aestivum*）、大麦（*Hordeum vulgare*）在长江流域进行冬季短期绿化，效果不错。

生物学、生态学特性分类 II

阴生地被、野生地被、常绿地被、落叶地被、彩叶地被、观花地被、宿根地被、湿生地被、藤蔓地被、旱生地被。

生物学、生态学特性分类 III

- 一、二年生草本地被植物

一、二年生草本植物主要取其花的鲜艳，可以大片群植形成大的色块，渲染出热烈的节日气氛。

- 多年生草本地被植物

多年生草本植物在地被植物中占有很重要的地位。其生长低矮，宿根性，管理粗放，主要有葱兰（*Zephyranthes candida*）、吉祥草（*Reineckea carnea*）、石蒜（*Lycoris radiata*）、麦冬（*Liriope* spp.）、鸢尾类（*Iris* spp.）、玉簪类（*Hosta* spp.）、萱草类（*Hemerocallis* spp.）等。

- 蕨类地被植物

蕨类植物在我国分布广泛，特别适合在温暖、湿润之处生长。在草坪植物、乔灌木不能生长良好的阴湿环境里，蕨类植物是最好的选择。常用的蕨类植物有波斯顿蕨（*Nephrolepis exaltata* cv. Bostoniensis）、凤尾蕨（*Pteris* spp.）、肾蕨（*Nephrolepis auriculata*）等。

- 藤蔓类地被植物

藤蔓类地被植物具有常绿蔓生性、攀援性及耐阴性强的特点，如爬山虎（*Parthenocissus heterophylla*）、常春藤（*Hedera helix*）、络石（*Trachelospermum jasminoides*）、扶芳藤（*Euonymus fortunei*）等。

- 灌木类地被植物

灌木类地被植物植株低矮、分枝众多且枝叶平展，枝叶的形状与色彩富有变化，有的还具有鲜艳果实，且易于修剪造型。常见的有金叶女贞（*Ligustrum × vicaryi*）、小叶女贞（*Ligustrum sinense*）、杜鹃（*Rhododendron* spp.）、八角金盘（*Fatsia japonica*）、十大功劳（*Mahonia fortunei*）、紫叶小檗（*Berberis thunbergii* cv. Atropurpurea）、红花檵木（*Loropetalum chinense* var. *rubrum*）等。

- 竹类地被植物

竹类中的箬竹（*Indocalamus latifolius*），匍匐性强、叶大、耐阴；还有鹅毛竹（*Shibataea chinensis*），枝叶细长、生长低矮，用作地被配置，别有一番风情。

应用环境分类

- 阳性地被植物

可在全光照、空旷的平地或坡地应用。这些植物在全光照下生长健壮，而在庇阴处茎秆细弱，节间伸长，开花减少，生长不良，如地被菊（*Chrysanthemum morifolium*）、铺地柏（*Sabina procumbens*）、马齿苋（*Portulaca oleracea*）、美女樱（*Verbena hybrida*）等。

- 阴性地被植物

可在阴闭度较高的树丛或林下应用。这些植物在庇阴处能正常生长，而在全光照下反而生长不良，叶色变黄或叶缘枯焦，如桃叶珊瑚（*Aucuba chinensis*）、吉祥草（*Reineckia carnea*）、八角金盘（*Fatsia japonica*）、虎耳草（*Saxifraga stolonifera*）等。

- 半阴性地被植物

可在疏林或林缘处应用。

地被植物的作用

利用空间和环境资源，改善人工群落的立地环境

园林绿地中设计组成的人工植物群落与自然群落相比，它的分层性更为明显，结构层次少。构建地被景观层后提高了绿化率，增加了单位面积的叶面积指数，更加充分利用上层乔木、灌木未能吸收的太阳光能。地被植物根系浅而庞大，能疏松表层土壤、调节地温、增加腐殖质，对上层植物的生长发育有促进作用。

增加绿地群落层次，提高景观效果

构建地被景观层最直接的效果是覆盖地面，达到"黄土不露天"的基本目标。同时地被植物的种类很多，景观特色各异，不同的叶色、花色和果色，不同季节会展现不同的景观效果。若将叶色深绿的常春藤（*Hedera helix*）和龟甲冬青（*Ilex crenata* var. *nummularia*）、黄绿色的珍珠菜（*Lysimachia nummularia*）和金露花（*Duranta repens* cv. Dwarf Yellow）、开紫花的二月兰（*Orychophragmus violaceus*）和麦冬（*Liriope* spp.）、开粉红色花的红花酢浆草（*Oxalis rubra*）、开白花的葱兰（*Zephyranthes candida*）等地被植物大面积成片栽植，不仅气势恢宏，而且与上层的乔木、灌木的不同季相配合，群落层次丰富，景观效果能增色不少。

提供天敌栖息场所，构建绿色生态景观

园林植物群落较之农业和林业的植物群落更具多样性，创造了多样的生态环境，为天敌提供栖息地，抑制有害生物的过度发展，保持基本生态平衡。园林植物群落在不用（或少用）化学杀虫剂的条件下，害虫和天敌能稳定在不对园林植物造成严重危害的程度上，使植物与植物间、植物与其他生物间有序和谐地共存，构建绿色生态景观。

提高人工植物群落的经济效益

地被植物除了具观赏和景观效果外，大多数还具有经济价值。地被植物与上层的乔木、灌木相比，具有数量多、产量大、易更替的特点。种植经济型的地被植物，对群落的稳定性也不会有很大的影响。

提高园林绿地的环保和生态功能

地被植物覆盖地面后，具有减少尘土发生、吸附尘土、降低噪声、增加人工群落内部空气湿度和改良土壤条件的良好作用。

地被植物的配置

地被植物的配置因园林中的植物群落类型多、差异大而无固定模式，但在配置实践中，应遵循"因地选择、注重功能、层次分明"等原则来进行配置。

因地选种，突出生物学特性与环境的一致性

注意地被植物适应的地域性，选择适应当地气候、土壤环境条件的物种。如适应华南地区南部的黄榕，在长江流域以北地区就不能适应，同理，温凉地区的常春藤在广州、深圳做地被也不合适。

在小环境中，因地制宜是地被植物配置适当与否的关键。要选择适应种植地光、温、水、土、

气等环境条件的种类，如在林下、房屋背阳处及大型立交桥下，应该多选用耐阴的地被植物，如八角金盘（*Fatsia japonica*）、洒金珊瑚（*Fatsia japonica*）、十大功劳（*Mahonia fortunei*）、蕨类、水鬼蕉（*Hymenocallis littoralis*）、玉簪（*Hosta* spp.）等。对于不同的植物群落，上层乔木、灌木的种类不同，疏密程度不同，群落层次的多少不同，造成下层生境的不同，应选用不同耐阴性的地被植物。岸边、溪水旁则宜选用耐水湿的湿地植物做地被。选择地被种类应注意与上层景观植物在色彩、季相变化上形成一致。

注重功能，突出地被景观与环境的和谐

注意地被景观与绿地类型的和谐，一般开放式的活动场地可用草坪覆盖形成开阔、舒适的空间，使人心旷神怡；封闭式的景区（如观赏区、水池旁、雕塑前配置）地被应以整齐一致、枝叶稠密、观赏价值高的开花种类为好；而在偏僻的林带边、树丛下，则可以配置些可少修剪或不修剪的地被植物覆盖地面，不但节约人工，还富有野趣。

地被景观与绿地功能的和谐，对不同绿地也要根据不同功能选择地被，如医院、疗养院尽可能多地种植大面积草坪，有明显滞尘、杀菌功效，有益恢复健康；在工厂、研究机构，多种植草坪地被，可减少尘土飞扬，防止水土冲刷，减少水质污染和保持仪器质量。

高度适当，突出景观层次

地被植物配置力求群落层次分明，突出主体。地被植物起衬托作用，不能喧宾夺主，如层次不清，会显得杂乱无章。绿地人工植物群落最下层是地被植物，应与上层乔木和灌木组合错落有致，搭配高度适当。当上层乔木分枝点较高时，地被植物可选择适当高一些的种类；上层植株或分枝点低，地被植物应

选用低矮或匍匐生长的种类。同时，选择地被时还应考虑种植地的面积，种植地开阔，上层乔木、灌木又不十分茂密，可配置较高的地被植物；而种植地面积小，则应配置较矮、小巧玲珑的品种，以免显得过于拥挤。

地被植物的养护

地被景观的特点是成片大面积营造，管理粗放，很难做到精细养护。地被植物的养护管理大致分为以下三方面。

水、肥管理

地被植物一般为适应性较强的抗旱品种，成型的地被除出现连续干旱无雨天气外，不必人工浇水。新植和未成型的地被植物，应每周浇透水 2~4 次，以水渗入地下 10~15cm 处为宜。浇水应在上午 10 时前和下午 4 时后进行。地被植物生长期内，应根据各类植物的需要，及时补充肥力。常用的施肥方法是喷施法，此法适合于大面积使用，又可在植物生长期进行。栽植地的土壤必须保持疏松、肥沃，排水一定要好。一般情况下，应每年检查 1~2 次，暴雨后要仔细查看有无冲刷损坏。

修剪整形

一般低矮类型品种，自然生长不需经常修剪，以粗放管理为主。对于部分株形较高、枝条徒长的木本植物，需要适当整修。

更新调整

地被植物大面积和长期栽培，容易出现空秃，成片的空秃发生后，对景观效果影响很大。一旦出现，应立即检查原因，并以同类型地被进行补秃，恢复美观。

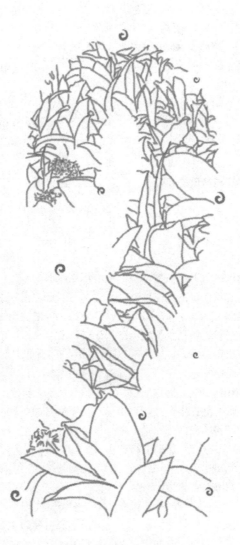

第二章 草本地被植物造景

造景功能

草本植物在地被植物中占有非常重要的地位，应用最广。草本植物一般生长低矮，宿根性，管理粗放。主要的草本地被植物有吉祥草、葱兰、麦冬、鸢尾类、玉簪类、萱草类等。

白穗花

别名：苍竹、白穗草
科属名：百合科白穗花属
学名：*Speirantha gardenii*

白穗花花序 ▷

形态特征

多年生常绿草本，高20~50cm。具粗短圆柱
形的根状茎及细长匍匐茎。叶基生，旋叠状，
近直立，倒披针形至长椭圆形，顶端渐尖，
叶基渐狭成柄。总状花序，着花12~30朵；
花单生，白色。浆果近球形。花期6~8月，
果期7~8月。园林中使用的常为植物原种，
尚无园艺品种。

适应地区

原产于我国江苏、安徽、浙江、江西诸省。
现已在杭州等地作地被使用。

生物特性

喜温凉、湿润的环境，在富含腐殖质的酸性
黄壤土或红黄壤土的山地林下、溪旁或阴山
坡上生长良好。在平原的林下栽培也能适应。

繁殖栽培

播种或分株均可繁殖，也可以移植野生苗。
新植地被覆盖速度较慢，故前期应加强管理，
特别是肥水和杂草管理。

白穗花地被景观

白穗花地被景观

白穗花花序和植株

景观特征

春季新叶期叶色黄绿，能给较暗的林下带来
鲜明的色彩，使下层景观明快很多，尤其在
白花盛开时更为壮观。晚秋叶色转暗，上层
植物开始落叶，光线明亮，色彩正好配合。

园林应用

叶终年常绿，花白色素雅，有轻微香气，耐
阴性强，是理想的园林地被植物材料，林下
应用最好。

蚌兰

别名：紫背万年青
科属名：鸭跖草科紫背万年青属
学名：*Rhoeo spathacea*

小蚌兰 ▷

形态特征

多年生草本，高20~40cm。茎短。叶簇生于短茎上，阔披针形，硬挺质脆，上面暗紫色，叶背紫色，长15~30cm，宽2.5~6cm，先端渐尖。花序腋生，具短柄；花聚生，白色，为2片蚌壳状的苞片所包藏；苞片大而压扁，淡紫色。花期9~10月。品种有金线蚌兰（cv. Variegata），叶面有金黄色、紫色纵条纹；小蚌兰（cv. Compact），植株小，叶小，密集着生，叶背淡紫色。

适应地区

我国华南地区广泛栽培。

生物特性

喜温暖、湿润气候，适宜生长于温度为15~25℃的环境中。喜光，也耐阴，不宜曝晒。要求肥沃、保水力强的土壤。

蚌兰地被景观

蚌兰在林下阴处的地被景观

繁殖栽培

扦插繁殖在3~10月均可，剪取顶端嫩枝，去除基部叶片，插穗长7~10cm，插后2周生根。分株繁殖可结合春季换盆进行，从母株旁切下带根、茎、节的蘖苗直接栽植。肥多会引起徒长，每旬施肥一次。浇水要做到不干不浇。夏季天气干燥时，向植株喷水增大湿度，则更有生机。栽培多年的植株基部老叶逐渐枯败脱落，影响观赏，栽培约3年需更新。

景观特征

叶片两面各有不同色彩，株形适中，姿态优美，紫色苞片含白色花朵，色彩对比明显，奇特有趣，呈现"蚌壳吐珠"的情景。

园林应用

可在庭园中做地被。地被质地较粗糙，也可作花坛或盆栽观赏。小蚌兰株形紧凑，地被的质地较细致，景观效果不同于蚌兰。

彩叶草

别名：洋紫苏、锦紫苏、五色草、变叶草
科属名：唇形科鞘蕊花属
学名：*Coleus blumeri*

形态特征

多年生草本花卉，高 30~50cm。直立，分枝少。叶对生，菱状卵形，质薄，长 10~15cm，宽 6~10cm，渐尖或尾尖，边缘有深粗齿，叶面绿色，有黄、红、紫等色彩鲜艳的斑纹。总状花序顶生，长 10~15cm，花小，轮生，无梗，唇形花冠，淡蓝色到白色。种类繁多，叶色灿烂缤纷，且极具美感，有红、紫、橙、桃红、黄、绿、镶边双色、多色混合等品种。

适应地区

现广泛应用于热带、亚热带地区。

生物特性

喜温暖、高温的环境。不耐阴，需阳光充足的全日照环境，在半遮阴处也能生长，但长久日照不足会造成叶色淡化、不美观。以疏松且排水良好的砂质壤土为佳。

繁殖栽培

繁殖可用播种法和扦插法。播种适温为 18~25℃，1~2 周可出苗。扦插分地插和水插

彩叶草

彩叶草地被景观

两种，水插插穗选取生长结实的枝条中上部 2~3 个节，去掉下部叶片，置于水中，待有白色水根长至 5~10mm 时即可移栽。春、秋季节需要 5~7 天，夏季一般 2~3 天即可生根。日常管理比较简单，只需注意及时摘心，促发新枝，养成株丛，快速覆盖地面。花序生成即应除去，以免影响叶片观赏效果。为保叶片长期鲜艳美丽，每月宜施加复合肥料。

景观特征

种类繁多，叶色灿烂缤纷且极具美感，是观叶植物。视觉效果华丽美观，小规模的丛植、大规模的成片种植都具有良好的景观效果。

园林应用

是优良的地被植物，可在开阔的阳地和半阴环境种植。盆栽可供家庭观赏和园林造景，也可应用于夏、秋季节的花坛，色彩鲜艳，非常美丽。同时也可做切花。

光辉 ▷

彩叶草地被景观

彩叶草地被景观

彩叶草地被景观

红花酢浆草

别名：三叶酢浆草
科属名：酢浆草科酢浆草属
学名：*Oxalis rubra*

形态特征

多年生草本，高 20~25cm。茎球形，多数生于地下，为不典型的球茎。叶丛生，叶柄较长，具小叶 3 片，倒心形。总花梗与叶柄等长或长于叶柄，顶生小花 3~10 朵，成不规则伞形花序。

适应地区

我国各地均有栽植。

生物特性

喜温暖、湿润，喜阳光，也耐半阴和干旱，对土壤适应性较强，在土壤黏重或积水处生长不良。我国长江流域及以南地区露地栽培生长良好。花朵对光线反应敏感，在有阳光时开放。单朵花上午开傍晚闭，第二天又开放，维持 3~4 天。

繁殖栽培

繁殖主要用球茎分株或切块，也可播种。种球可以不带根，尽可能分成单球，增加繁殖量，全年都可进行，成活率高，上半年栽的当年都能开花。切块繁殖，根据红花酢浆草球茎上芽多的特点，为了提高繁殖系数，可将球茎切成小块育苗，春、夏、秋季都能进行。栽培管理比较简单，不需要特别的栽培养护。种植地被株距 5~10cm，栽种深度 2~3cm，20 天开始出苗。

景观特征

地被致密，质地较细，大面积覆盖的红花酢浆草开花时犹如一张红地毯，很有观赏价值，是长江流域广泛使用的花、叶俱美的地被植物。不耐践踏。

红花酢浆草的花

红花酢浆草地被景观

园林应用

大片地面覆盖时，在强光或半阴处都能成片栽种，效果很好。布置花坛、花径时，株丛稳定，不迁延，便于构成并保持各种线条图案。在台坡、阶旁、沟边、路沿种植，既可绿化、美化环境，又能防止水土流失。盆栽放于门庭、广场、阳台等处作覆盖，或在边沿布置，成本低、效果好。

✳ 园林造景功能相近的植物 ✳

中文名	学名	形态特征	园林应用	适应地区
紫叶酢浆草	*Oxalis violacea*	地下根茎块状。叶丛生，3 小叶，叶片紫红色，阔倒三角形。伞形花序，花 12~14 朵，花冠 5 裂，淡红色，有时一年开 2 次花。花期 4~6 月和 11 月	在园林中做阴湿地的地被植物十分适宜	现广为应用
多花酢浆草	*Oxalis corymmbosa*	植物形态和功能同于红花酢浆草，不同在于花淡紫红色，花冠管部绿色	作盆栽观赏及地被植物	原产于美洲热带地区
酢浆草	*Oxalis corniculata*	多枝草本。茎柔弱，常平卧。小叶无柄，倒心形，长5~10cm，被柔茸毛。花 1 至数朵组成腋生的伞形花序，总花梗与叶柄等长；花黄色	常为野生状态构成园林植物景观	我国南北各地都有分布

还有大花酢浆草 *Oxalis bowiei*、红叶酢浆草 *Oxalis hedysaroides cv.* Rubra

红花酢浆草地被景观

多花酢浆草地被景观

酢浆草的花

紫叶酢浆草的花

紫叶酢浆草地被景观

美花落新妇

别名：金毛三七、红升麻
科属名：虎耳草科落新妇属
学名：*Astilbe chinensis*

美花落新妇
花序 ▷

形态特征

多年生宿根草本，高 30~50cm。根状茎粗壮，呈块状，具有棕黄色长茸毛及褐色鳞片，须根多呈暗褐色。茎直立，散生，多被褐色长毛。叶羽状，基部叶为 2~3 回三出复叶；小叶披针形，先端短渐尖或急尖，叶缘具锯齿状，叶被刚毛。圆锥花序顶生，形状酷似蓬松的泡沫，花轴密生褐色卷曲柔毛；小花密集，花瓣 5 枚，淡红紫色，线形。花、果期 6~9 月。现已培育出许多杂交种，有红色、粉红色、白色等。

适应地区

我国北方地区广泛栽培。

生物特性

适应性强，喜温暖，也耐寒，喜半阴，在湿润环境下生长良好。对土壤适应性较强，喜微酸性、中性、排水良好的砂质壤土，也耐轻碱性土壤，但华南地区越夏困难。

繁殖栽培

用分株法繁殖，春、秋两季均能育苗，以秋季为佳。用刀具加以分切，每 3 芽为 1 株，另行种植即可。每月少量施肥一次，尤其春季新芽萌发时，按比例增加磷肥和钾肥有利开花。

美花落新妇地被景观

景观特征

叶色翠绿，叶形雅致，花序大型挺立于绿叶之上，高洁而不傲，淡雅而不娇，层次分明，个性突出，是优良的园林花卉。

园林应用

适宜大面积做地被植物。适宜种植在疏林下及林缘半阴处，或植于溪边和湖畔，点缀于石隙流水之间，也可做花坛和花境。矮生类型可做盆栽。

＊园林造景功能相近的植物＊

中文名	学名	形态特征	园林应用	适应地区
大花落新妇	*Astilbe grandis*	茎被褐色长柔毛和腺毛，叶轴及小叶柄多少被腺毛，叶腋具长柔毛。花白或紫色	同美花落新妇	世界各国均有栽培

大吴风草

别名：活血莲、一叶莲、铁冬苋、大马蹄香
科属名：菊科大吴风草属
学名：*Farfugium japonicum*

形态特征

多年生草本。根茎粗壮。叶全部基生，莲座状，叶柄长，基部扩大呈短鞘、抱茎，叶片肾形，先端圆形，全缘或有小齿至掌状浅裂，基部弯缺宽，叶近革质。花葶高达 70cm，幼时被密的淡黄色柔毛，头状花序辐射状，2~7 个排列成伞房状花序；花序梗被毛；有 8~12 朵舌状花，黄色，长圆形或匙状长圆形。瘦果圆柱形。花期 8 月到翌年 3 月。品种有花叶如意（var. *aureomaculata*），叶面有黄色斑点、白色或淡红色斑纹。

大吴风草植株

适应地区

原产于我国华中、华南地区和日本，国内外的一些庭园都有栽培。

生物特性

分布在我国东部中海拔的高冷地山坡或路旁，喜冷凉和温暖，生长适温为 12~25℃。要求光照充足，半阴也可。对土壤要求不甚严，以肥沃、富含有机质的砂质壤土为佳。

大吴风草花序

繁殖栽培

用播种或分株法繁殖，春、秋季为适期。播种前打破种子休眠，有利于缩短萌发时间，苗床土质宜疏松，排水需良好。分株另植时，尽量少损害幼根，成活率高。栽培初植要及时除去杂草，注意防虫防病。春至夏季为营养生长期，每 1~2 个月施肥一次，且氮、磷、钾合理搭配。花后应剪除花茎，并追肥。

景观特征

叶圆肾形，叶缘多角状或有细锯齿，相互掩映而不重叠，丰满而充满韵律。叶色翠绿而清雅，朵朵黄花穿插于绿叶之间，整个植株显得亮丽而耀眼，身处其中，令人陶醉不已。

园林应用

适合长江流域地区的平地或坡地做地被植物。根据其生物习性，于某些城市立交桥下做绿化植物，效果也很好。由于花、果期从 8 月到翌年 3 月，所以秋、冬季时它是室内盆栽的上佳美化植物。有一定的耐阴性，可配植于建筑物的背阴处，或做风景林下地被。

花叶如意 ▷

大吴风草果序

大吴风草地被景观

大吴风草地被景观

＊ 园林造景功能相近的植物 ＊

中文名	学名	形态特征	园林应用	适应地区
网脉橐吾	*Ligularia dictyoneura*	灰绿色草本。茎直立，紫红色。丛生叶具柄，叶片卵形、长圆形，边缘有齿。总状花序，舌状花黄色	同大吴风草	产于云南西北部、四川南部

宽叶韭

别名：大叶韭
科属名：百合科葱属
学名：*Allium karatavense*

形态特征

鳞茎圆柱状，具粗壮的根；鳞茎外皮白色，膜质，不破裂。叶条形至宽条形，稀为倒披针状条形，比花葶短或近等长，宽5~20mm，具明显的中脉。花葶侧生，圆柱状，或略呈三棱柱状，高10~60cm，下部被叶鞘；总苞2裂，常早落；伞形花序近球形，多花，花较密集；小花梗纤细，近等长，长为花被片的2~4倍，基部无小苞片；花白色，星芒状开展；花被片等长，披针形至条形，长4~7.5mm，宽1~1.2mm；先端渐尖或不等的2裂；花丝等长，比花被片短或近等长，在最基部合生并与花被片贴生；子房倒卵形，基部收狭成短柄，外壁平滑，每室1颗胚珠，花柱比子房长，柱头点状。花、果期8~9月。

适应地区

原产于我国四川、云南和西藏，我国南方地区有栽培。

生物特性

生性较强健，既耐湿又耐旱。适宜冷凉、湿润气候，生长温度为5~30℃，生育适温为12~25℃，温度超过30℃则叶片会逐渐白化、软腐而死亡。对土壤要求不严，但以水源充足、排水良好、富含有机质的弱酸性壤土为佳。

繁殖栽培

因种子无法正常发育结果，因此无法进行有性繁殖。不过其分蘖能力颇强，故采用分株繁殖，一年四季均可进行，选择数量多的丛株，挖出分株定植，浇定根水即可，极易成活。耐粗放管理。栽培生育期须充分灌溉，保持土壤湿润。种植时用有机肥或复合肥。生育期间配合灌水适量施肥，可使植株生长迅速，叶片翠绿，提高观赏价值。夏季温度较高时需注意防病，但虫害较少。

景观特征

叶条形，叶色青翠鲜嫩，尖端微微下垂，线条优美。可大面积种植做地被。开花前，绿油油一片，生机勃勃。开花时，白色的近球状花序点缀于浩浩绿海之中，柔美可爱，是较好的园林地被植物之一。

园林应用

适宜大面积的平地、坡地种植，也可种植于花带或花境周围。一小撮丛植于花盆，用来点缀窗台、阳台，效果非常好。

宽叶韭植株

石蒜植株 ▷

✻ 园林造景功能相近的植物 ✻

中文名	学名	形态特征	园林应用	适应地区
石蒜	Lycoris radiata	具鳞茎。叶线形，基生。伞形花序，花红色。秋花，冬、春叶，夏枯	阴生地被，庭院点缀	长江流域及以南地区应用

石蒜地被景观

石蒜地被景观

石蒜地被景观

宿根福禄考

别名：天蓝绣球
科属名：花葱科福禄考属
学名：*Phlox paniculata*

形态特征

多年生宿根草本花卉，高 40~100cm 不等，因品种不同而有较大的差异。茎直立，少分枝。叶呈长椭圆状披针形，对生。圆锥花序顶生，似球形，具花瓣 5 枚，花瓣颜色有紫粉、粉红、蓝紫、白等。花期 6~9 月。品种有欧洲（cv. Europa）、大红（cv. Eva Cullum）等。

适应地区

我国各地均有栽培观赏，长江流域及以北地区常用。

生物特性

适合高冷地区栽培。忌炎热、多雨。喜阳光充足，在半阴处也可生长。喜中性到碱性的环境。生长适温为 15~25℃。

繁殖栽培

播种分株为主，也可扦插。分株可在 3~4 月进行。做地被以行距 30cm×40cm 为宜，要求土壤湿润，需要良好水分管理。

景观特征

群植时，开花季节，汇成一片花海，十分壮观。

宿根福禄考地被景观

宿根福禄考地被景观局部

＊园林造景功能相近的植物＊

中文名	学名	形态特征	园林应用	适应地区
福禄考	*Phlox drummondii*	高10~60cm。茎直立。叶呈长椭圆形，下部叶对生，上部互生。花期 12 月至翌年 3 月	用于地被、花坛装饰	同宿根福禄考
针叶福禄考	*P. subulata*	植株低矮，有匍匐习性。叶细小，针形。花期冬、春季	作地被、花坛和花境利用	同宿根福禄考

园林应用

花期是其他花卉开花较少的夏季，可用于布置公园、游园的花坛。做花境时也可点缀于草坪中，是优良的庭园宿根花卉。具有较强的抗二氧化硫能力，对氯气也有一定的抗性。又可盆栽，供夏、秋季室内观赏，也可做切花。

针叶福禄考地被景观

针叶福禄考

福禄考地被景观

二月兰

别名：诸葛菜、翠紫花
科属名：十字花科诸葛菜属
学名：*Orychophragmus violaceus*

形态特征

一、二年生草本，高 10~50cm。植株主茎不发达，单茎或从基部分枝。基生叶圆形，叶具长柄，下部茎生叶，大头羽状分裂，顶端裂片较大，呈圆形或狭卵形。侧生裂片小，1~3 对，呈长圆形、全缘或齿状缺刻；茎上部叶无柄，长圆形或狭卵形，顶端短尖，茎部耳状抱茎，边缘有不整齐的牙齿。总状花序顶生，着花 5~20 朵，紫色或淡红色；萼片淡紫、条状披针形，花瓣 4 枚，长卵形。角果圆柱形，具 4 棱，顶端有喙。花期 3~5 月。品种较多，常见的 3 个变种为湖北诸葛菜（var. *hapehensis*）、缺刻叶诸葛菜（var. *intermedius*）、毛果诸葛菜（var. *lasiocarpus*）。

二月兰的果

适应地区

产于华北、华东、华中、西南地区。生于平原、山地、路旁或地边。

生物特性

花开较早，耐寒性较强，但如遇重霜，叶有时会被冻伤；耐阴性强，只要有一定的散射光就能生长良好，开花结实。对土壤要求不高，但对排水和日照有一定要求。

繁殖栽培

用播种的方法繁殖，果实发黄或成熟后即开裂，故需即时采收，藏至秋季 9 月可直接散播，每亩播种种子约 0.5kg。也可在圃地播种，出苗后选择阴天或雨前移栽，成活率较高。自播能力强，一次播种或定植后可自成群落。管理粗放，病虫害较少，主要是蚜虫、红蜘蛛和锈病的轻微危害。

景观特征

叶色碧绿，花朵淡紫色，花较大，盛开时节，满目繁茂的紫色花朵形成一幅春花烂漫的迷人画卷。无花的营养体阶段，地被外观整齐。

园林应用

常配置在道路两侧，与常绿绿篱植物互相衬托，在自然式池塘等水景岸边带状种植，装点水景春色。在林缘或疏林下成片种植，形成大面积色彩纯正的色块，供远距离观赏。可用于春季花卉展览的背景材料，起烘托和渲染气氛的作用。

二月兰的植株

二月兰的白色花序 ▷

二月兰地被景观

二月兰地被景观

二月兰地被景观

葱兰

别名：玉帘
科属名：石蒜科葱兰属
学名：*Zephyranthes candida*

形态特征

多年生草本，高 20~30cm。地下鳞茎球形，长 3~4cm，外皮黑褐色。叶基生，较稀疏，线状条形，半圆形，长 15~30cm，肉质，深绿色，与花同时抽出。花单生，腋生，长 15~20cm，花冠漏斗状，花被片 6 片，长 5cm，白色，外带淡红色。种子薄片状，黑色。花、果期 7~9 月。

适应地区

世界各地广泛栽培。

生物特性

喜阳光充足，也耐半阴。喜温暖、湿润气候，有一定的耐寒性。要求疏松、肥沃、通透性强且湿润的砂质壤土。长江以南地区可露地越冬。

繁殖栽培

以分球繁殖为主，多在春季进行。将成丛的鳞茎分成小丛或单个鳞茎分植均可。秋末冬初干枯后，剪除枯叶，保持低温通风越冬。

葱兰的花期地被景观

景观特征

叶片肉质线形，花朵小巧别致，高低错落，景观效果主要以群体效应表现。叶色深绿，群体色彩暗，宜于光线好的疏林下布置。开花时雪白一片，十分耀眼，与原来的暗色调形成明显的反差，景观效果良好。

园林应用

是江南、华南和西南地区常见的花坛、花境镶边材料和地被植物，也可做盆花。地被应用于阳光充足的裸地或疏林下。

葱兰的花期地被景观

葱兰的花期地被景观

葱兰的花 ▷

* 园林造景功能相近的植物 *

中文名	学名	形态特征	园林应用	适应地区
黄花葱兰	*Zephyranthes citrina*	叶扁平。花黄色	同葱兰	同葱兰
韭兰	*Z. grandiflora*	叶 5~10 片，扁平状线形，有如韭菜叶。花粉红色	同葱兰	同葱兰
红花韭兰	*Z. rosea*	植株较小。叶扁平，线形、肉质。花桃红色，花量大	同葱兰	原产于古巴

韭兰的地被景观

红花韭兰

韭兰的花

黄花韭兰

藨草

别名：丝带草、花匠吊带、缎带草
科属名：禾本科草芦属
学名：*Phalaris arundinacea*

藨草的株形 ▷

形态特征

多年生草本，有根茎。秆通常单生或少数丛生，高 60~140cm，有 6~8 节。叶鞘无毛，下部者长于上部者，短于节间；舌片薄膜质；叶片扁平，幼嫩时微粗糙。圆锥花序紧密狭窄，分枝直向上举，密生小穗；颖沿脊上粗糙，上部有极狭的翼；孕花外稃宽披针形，上部有柔毛；内稃舟形，背具 1 条脊，脊的两侧疏生柔毛。花、果期 6~8 月。品种有花叶草（cv. Variegata）、花叶燕麦草（*Arrhenatherum elatius* 'Variegatum'）。

适应地区

原产于中国和欧洲，我国各省区有栽培。

生物特性

喜温暖、湿润气候，最适温度为 20~30℃。常生于多水的湿地。抗寒性强，在北京可越冬，在南京可越夏；越冬植株在 5 月中旬开始抽穗，6 月上旬盛花，7 月上旬成熟。耐水淹和排水不良土壤。再生性好，具入侵性。

藨草地被景观

繁殖栽培

可播种繁殖，也可以根茎分株繁殖。北方可春播，也可秋播，在南方以秋播为宜。分株栽植时，将分蘖排成行，埋土深约 5cm，土壤干旱时应灌水。栽培土壤土质疏软、肥足，有利于正常生长发育。种苗生长弱，建植慢，种苗刚出或刚移栽时，施氮肥宜稍多，有利草坪建成，且应及时清除杂草，防治病虫害。生长季节是 4~9 月。当根茎形成稠密草皮后，长势衰退，可用重耙切断部分根茎，改善通气条件，施氮肥促进草地更新。

景观特征

大面积种植做地被，无论绿叶种类还是花叶种类均能呈现自然草地景观。花叶品种景观呈现灰绿色，与其他绿色品种搭配，色彩对比鲜明，是很好的地被植物。

园林应用

可做绿地、道路两侧、林下和林缘的单一地被，也可与其他地被植物配置使用。由于耐水淹和排水不良的土壤，作浅水、浅滩绿化，或河沿溪边绿化，效果也佳，是应用极其广泛的绿化草本植物。

花叶燕麦草景观

海石竹

别名：荷兰草
科属名：蓝雪科海石竹属
学名：*Armeria maritima*

海石竹花序 ▷

形态特征

多年生草本，高 15~20cm。植株莲座状丛生。叶基生，密集，叶线形至条形，叶色深绿。花茎纤细，挺拔直立，高出叶丛；顶生头状花序，小花杯形，多花色，花色有玫瑰红、粉红、白色等，花瓣干膜质。花期初夏。品种有海上晨曲（cv. Maritima Alba），花白色；海粉（cv. Maritima Splendens），花玫瑰色；均极漂亮，欣赏价值极高。

适应地区

我国有引种栽培，适应凉爽和非潮湿地区作为地被使用。

生物特性

对环境条件要求不高，耐盐碱、耐寒、耐旱，要求土壤疏松，排水性好，在半阴环境也生长良好。耐寒性强，可露地越冬，但在炎热地区越夏有困难。

繁殖栽培

主要采用分株繁殖，秋、冬、春季均可进行。由于延展性差，地面覆盖慢，定植时密度可以偏大些。定植后加强杂草和肥水管理。地被成形后每年要管理株丛，适当疏除枯老的部分。

景观特征

植株莲座状丛生，地被致密，不够整齐。花色多而艳丽，曲线圆滑，是良好的观花地被。

园林应用

在开阔环境做地被，也可绿化、点缀庭院。由于海石竹植株低矮、株丛紧密、延展性不

海石竹地被景观

海石竹地被景观

海石竹地被景观

强，作为花坛、花境的镶边植物效果良好。做盆栽，效果也相当好。

红龙草

科属名：苋科莲子草属
学名：*Alternanthera dentata*

形态特征

多年生直立草本，高 20~50cm。茎多分枝。叶对生，长椭圆形，全缘，叶面紫色，叶背颜色稍淡，节间长，叶稀疏。花两性，头状花序，单生于苞片腋部。胞果不裂，边缘翅状。种子凸镜状。栽培品种较多，如锦叶红龙草（cv. Rainbow），叶面卷曲有皱，叶色银绿至绿色。

适应地区

我国华南地区广泛栽培。

生物特性

喜温暖而畏寒，温带地区按一年生草本植物栽培，冬季需在 15℃以上的温室中越冬。宜阳光充足，也略耐阴，不耐湿，较耐旱。喜干燥的砂质土，在黏重土壤或低湿土壤中生长不良。

繁殖栽培

可用分株或扦插法繁殖。大量育苗以扦插为主，春、秋季均为适期。剪取具有 2 节的枝做插穗，以4~5cm的株距插入黄砂、珍珠岩或土壤中，插床温度宜在 22~25℃，保持湿度，经3~4 天即可发根。肥水每1~2个月可施一次。

锦叶红龙草

紫杯苋叶形

景观特征

植株直立，株形较好且整齐，以观叶为主。单植或群植的观赏效果均佳，群植时气势不凡，其紫色叶片给人以宁静的感受。

园林应用

常做彩色地被，应用较广，也可布置花坛、花境或作庭园点缀。

＊园林造景功能相近的植物＊

中文名	学名	形态特征	园林应用	适应地区
可爱虾钳菜	*Alternanthera amoena*	茎平卧。叶狭窄，柄短，叶暗紫红色。头状花序，花白色	同红龙草	同红龙草
紫杯苋	*Cyathula prostrata* cv. Lood-red Leaves	叶较大，矩圆形，渐尖，叶紫黑色，节间较大，叶稀疏	同红龙草	同红龙草
紫绢苋	*Aerva songuinolenta* cv. Songuinea	植株具半蔓性。叶较小，椭圆状卵形，急尖，叶色紫红、紫褐色。花簇生，集成穗状花序	同红龙草	同红龙草

红龙草叶形 ▷

紫杯苋地被景观

红龙草地被景观

红龙草地被景观

绿苋草

别名：匙叶莲子草
科属名：苋科莲子草属
学名：*Alternanthera paronychioides*

形态特征

草本。主根粗壮。茎平卧，簇生，铺地呈直径 33~50cm 的草丛；嫩枝被白色柔毛，后变无毛，淡黄色或浅红色，具细纵棱。叶椭圆形、卵形或倒卵形，对生，长 1~3cm，宽 4~10cm，顶端钝或近急尖，基部渐狭，上面无毛，下面疏生柔毛。穗状花序 1~3 个生于叶腋，球形或长卵形；花白色，无总花梗；苞片膜质，萼片 5 枚，白色，膜质；雄蕊 5 枚，长于雌蕊，胞果扁球状倒心形。花、果期 8~10 月。栽培品种较多，其中一个主要品种为红苋草（cv. Picta），叶稍卷曲，叶色随季节性生长而变化，呈绯红或褐红色。

绿苋草地被景观

适应地区

我国各省区多有栽培。

生物特性

阳性植物，喜高温和阳光充足的地方，庇阴则易发生徒长。耐干旱，但在生长季节喜湿润。耐寒能力差，0℃以下地上部分枯萎。性强健，一般土壤都能生长，但在砂质土壤生长最佳。叶色随季节性生长变化大，呈黄色或乳白色或一叶具两种颜色。

繁殖栽培

繁殖容易，可采用扦插、分株及播种法繁殖，春至秋季均为适期。常用的为扦插法，剪取带顶芽或未老的枝条，每段长 5~10cm，扦插于河砂中，接受 60%~70% 日照，保持湿度，经 10~15 天可发根成苗。追肥可用有机肥料或复合肥，每月可施一次。耐修剪，枝条伸长或不够密集时，应作适度修剪，促其萌发新叶。成株耐旱性增强，应适当减少灌溉。

❋ 园林造景功能相近的植物 ❋

中文名	学名	形态特征	园林应用	适应地区
红绿草	*Alternanthera bettzickiana* cv. Tricolor	多年生草本。茎直立，节膨大。叶对生，叶色黄色或多种颜色；叶柄极短。头状花序，花白色	同绿苋草	同绿苋草
花叶苋	*A. bettzickiana* cv. Variegata	叶边具有较大面积白边和斑块，可达叶面的一半	同绿苋草，地被呈现白色的外貌，景观效果与众不同	同绿苋草
红枝莲子草	*A. tenella*	植株高 7~15cm。枝红色，具密毛。对生叶菱形、椭圆形	同绿苋草	同绿苋草

红苋草 ▷

景观特征

植株匍匐，枝淡黄或浅红色，叶片较密，叶稍卷曲，叶色随季节生长而变化，呈黄色或乳白色或一叶两色，别致亮丽。该植物以观叶为主，常群植，给人以张弛有度、不紧不慢及气势非凡之感。

园林应用

可作为公园或景区花坛的主体或花坛边缘的镶边材料。大面积栽植时，色彩效果尤佳，不同色彩配植成各种形式，如图案、花纹、文字等平面或立体的形象。也可进行盆栽，以株为单位观赏。

花叶苋地被景观

花叶苋地被景观

花叶苋地被景观

红枝莲子草

红枝莲子草地被景观

长春花

别名：日日春、日日草、日日新
科属名：夹竹桃科长春花属
学名：*Catharanthus roseus*

长春花的花 ▷

形态特征

多年生草本，高 30~60cm。全株有乳汁。叶对生，长椭圆形或倒卵形，全缘，长 4~7cm，宽 1.5~2.5cm，先端圆钝。聚伞形花序腋出或顶生，花冠轮状，花色玫瑰红、粉红或白色。花期 6~9 月，在南部地区几乎全年开花。品种有太平洋（cv. Pacific）。

适应地区

我国西南、中南及华东各省区有栽培。

生物特性

喜温暖、阳光充足。怕水湿，不耐寒，耐贫瘠。喜排水良好的土壤。

繁殖栽培

长春花的花

以种子繁殖为主，气温 10℃以上时可播种。做地被养护要求不高，注意场地排水，勿积水，每月施肥一次。

景观特征

全年能开花，仅冬季略少，花姿、花色柔美悦目，景观效果好。

园林应用

地被常配植于阳光充足、地形开阔的园地，也常用于花坛、花境、林缘布置和做盆栽。

长春花地被景观

地被菊

科属名：菊科菊属
学名：*Dendranthema morifolium*

形态特征

多年生草本，高 15~45cm。茎部略木质化，直立或开展，多分枝。小枝青绿色或带紫褐色，被灰柔毛或茸毛。叶有柄，叶片卵形、卵圆形或宽披针形，边缘有缺刻及锯齿，基部心形，下面有白色茸毛。头状花序小，数朵聚生于茎顶；花色有白、粉红、玫瑰红、淡黄、黄、棕黄等。花期 9~10 月。其品种是菊花庞大品种家族中的一类，分早花、晚花品种，搭配使用可增加花色，又可延长观赏期，晚花品种可开花至霜降。

适应地区

北方寒冷地区可以陆地越冬，南方热带地区某些季节也可适应，主要应用于华北、东北地区。

生物特性

喜阳光充足和温暖的环境，也耐半阴。较耐旱，忌水涝。喜肥沃、疏松而排水良好的土壤。耐瘠薄，抗病虫，抗盐碱。

地被菊地被景观

繁殖栽培

用扦插或分株法繁殖，以扦插为主，全年均可育苗。插穗剪取长 7~8cm，枝条下部摘去 2~4 片叶片，露出茎节，扦插于河砂等基质中，保持湿度，约 2 周能发根。生性强健，抗性强，管理粗放。喜肥，地栽前应适当施基肥。保持栽培地通风透光，不要使土壤太湿。为使花茎分枝多、株形丰满，可加强摘心来控制。

景观特征

植株低矮紧密，生长力强，覆盖延展力强，能快速覆盖地面。花多，花期长，群体景观效果好，是近年来北方广泛应用的地被植物。

园林应用

主要在开阔环境做地被，也可用于花境或假山装饰，还可用于盆花、花篱以及庭院点缀等。

地被菊地被景观

地被菊地被景观

地被菊地被景观

虎耳草

别名：石荷叶、金丝荷叶
科属名：虎耳草科虎耳草属
学名：*Saxifraga stolonifera*

虎耳草 ▷

形态特征

多年生草本。茎被长腺毛。基生叶具长柄，叶片近心形、肾形至扁圆形，先端钝或急尖，腹面绿色，被腺毛，背面通常红紫色，被腺毛，有斑点，具掌状脉序，茎生叶披针形。聚伞花序圆锥状，长2.5~8cm，被腺毛，具2~5朵花，花梗细弱，被腺毛；花两侧对称，萼片开展至反曲，卵形；花瓣白色，中上部具紫红色斑点，基部具黄色斑点。花期4~11月。栽培品种较多，如三色虎耳草，具红色彩斑。

适应地区

我国华北、华东、华中、西南、华南地区有栽培。

生物特性

耐阴，耐湿，在半阴、凉爽、空气湿度较高、排水良好的环境下生长良好。不耐高温，夏季于通风处生长良好，生育适温为15~27℃。

虎耳草地被景观

对肥料的要求不是很高，在夏、秋炎热季节进入休眠状态，晚秋后恢复正常生长发育。

繁殖栽培

可采用分株或剪取走茎上的幼株栽培。春、秋季为适期，成株萌生的走茎经过一段时间即能发根生长。栽培土质以腐殖质土或砂质壤土为佳，排水需良好，栽培要在阴蔽处，日照40%~60%，忌强烈日光照射。冬至春季为生育期，追肥用有机肥料或复合肥，每月少量施用一次。

景观特征

植株矮小，株丛密集，叶面美观，是良好的阴生地被。

园林应用

可营造林下大面积地被，也可用于岩石园的绿化，在公园、校园等处小片栽植观赏或镶于小道两旁。

虎耳草地被景观

吉祥草

别名：松寿兰、小叶万年青、玉带草、瑞草、观音草
科属名：百合科吉祥草属
学名：*Reineckea carnea*

吉祥草植株 ▷

形态特征

多年生草本。根状茎匍匐于地面，逐年延伸或发出新枝。叶3~8片簇生于节上；叶片条形或条状披针形，长10~35cm，宽0.5~3cm，先端渐尖，全缘，基部渐狭成柄，深绿色，平行脉明显，在背面稍凸起。花葶短于叶，长5~15cm；穗状花序长2~6.5cm；苞片卵状三角形，长5~7mm；花芳香。浆果球形，直径6~10mm，熟时鲜红色。花期7~9月，果期9~11月。变种有银边吉祥草（var. *variegata*）。

适应地区

原产于我国西南、华南、华中地区及江苏、浙江、安徽、陕西等省。

生物特性

喜温暖、湿润。畏烈日，宜在半阴处不太郁闭的树丛下生长。对土质要求不严。在较温暖的地区可露地越冬，在北方寒冷地区需要保护越冬。

繁殖栽培

繁殖以分株为主。在早春3~4月进行，将大丛株切割成3~4小株，分开栽培即可。种子也可繁殖，但不常用。日常管理粗放，对水、肥的要求不高。宜于冬季施用基肥，不能在新叶开始萌发后施肥，否则叶易焦黄，影响观赏。春季如剪去部分老叶，对新叶的萌发有利，新叶生长更佳。

景观特征

根须发达，覆盖地面迅速，其叶嫩绿、狭长，直立向上，美观雅致，群植效果较好。

吉祥草地被景观

吉祥草地被景观

园林应用

是良好的阴生地被植物，常布置于林下或林缘，盆栽可作室内观赏。庭院绿化中，可植于路边、池旁和假山。其株形典雅，绿色鲜明，常取其吉祥之意，在园林中广泛应用。

金球亚菊

科属名：菊科亚菊属
学名：*Ajania pacifica*

形态特征

多年生草本，小半灌木，高 10~25cm。叶互生，倒卵形至长椭圆形，先端钝，叶缘有钝锯齿，具银边，叶面银绿色。头状花序小，呈小球形，顶生。边缘雌花少数，2~15 朵，细管状或管状，顶端 2~3 齿；中央两性花多数，管状；全部小花结实，黄色；总苞钟状或狭圆柱形，总苞片 4~5 层。瘦果无冠毛。春季开花直至夏季，夏、秋季结果。

适应地区

原产于亚洲，现各地广泛栽培。

生物特性

适应性较强，喜温暖，较耐寒，耐高温，生长适温为 20~26℃。喜湿润，但不耐涝。喜阳光，光照充足有利于植物生长，野生种生于高山或亚高山山坡向阳处。对土壤要求不高，但以肥沃的腐殖质砂土为佳。

繁殖栽培

可用播种或扦插法繁殖，春、秋季为适期。播种可先于苗床育苗，也可直接播种于栽培地，出苗后及时清除杂草。扦插时宜选稍木质化、当年生枝条为插穗，成活率高。定植

金球亚菊

金球亚菊地被景观

初期需肥水管理，栽培土质排水性需良好，光照需充足，施肥每月一次，注意氮肥不宜过多，以免枝叶徒长、茎秆脆弱、易倒伏。分枝少时，可加以摘心，促使多分枝、多开花。花后应修剪、整枝。

景观特征

叶姿轻盈，叶色绿而带灰白色镶边，淡雅宜人。花序呈小球形，花黄色，艳丽。许多花序密集在一起，姿态迷人，气质不俗，是庭园美化最好的植物之一。

园林应用

金球亚菊叶姿轻盈而端庄，花色艳丽，可做大面积的地被植物，也可用于建筑物前后的花坛、花境或庭园丛植，效果也佳。

金球亚菊地被景观

金球亚菊地被景观

景天属

别名：费菜属
科属名：景天科景天属
学名：*Sedum* spp.

形态特征

一年生或多年生草本。肉质，少有茎基部呈木质的，无毛或被毛，直立或外倾。叶对生、互生或轮生，全缘或有锯齿。花序聚伞状或伞房状，腋生或顶生；花白色、黄色、红色或紫色，两性，稀单性，常为不等 5 基数，少有 4、9 基数；花瓣分离或基部合生；雄蕊通常为花瓣数的 2 倍；心皮分离或基部合生，基部宽，无柄，花柱短。果有种子多数或少数。该属品种繁多，此处主要介绍景天属中作为地被的植株直立种类，如八宝景天（*S. spectabilis*）、费菜（*S. ramtschaticum*）、红菩提（*S. rebrotinctum*）、翡翠景天（*S. morganianum*）、厚叶景天（*S. dasyphyllum*）、小叶八宝景天（*S. sp.*）等。

景天花序

八宝景天新发植株

适应地区

应用于我国各地，以长江流域及其以北地区应用较多。

生物特性

因品种不同，原产地不同，有所差别，一般是四季常绿，叶肉质多汁。对土壤要求不严，以疏松、富含腐殖质的砂土为佳。耐寒，尤其耐旱，而且耐瘠薄的土壤。喜欢半阴和湿润的环境，忌低洼积水。喜温暖，较耐高温，生长适温为 15~28℃。抗性强，长势强健。

繁殖栽培

可用扦插或分株法繁殖。一年四季都可进行，以春、夏、秋季最佳。扦插时，剪下长 8~15cm 的茎枝，进行单插或 3~5 根一束扦插，可随剪随插，也可晾干浆汁后再插，插后浇透水，经常保持土壤湿润。分株法以茎节上带根为好，成活率高。产地不同，习性不同则分别对待。原产于欧洲、南非等地的品种，喜温暖，不耐高温；华南地区的品种夏季呈休眠状态，不宜大量浇水或施肥；原产于墨西哥的热带品种，冬季是休眠期，切勿受寒害，也不可大量灌水。耐旱，排水需良好，排水不良或培养土长期潮湿，容易导致腐烂；保持半干旱对生长有利。

景观特征

品种丰富，在地被中直立景天类植物叶色以灰绿为主，植株高度差异较大。其肉质叶的特性，使地被体现出稳重、深沉的气质。

园林应用

景天类地被在园林中常用于光照充足的露天环境，也做盆栽用于庭园、花坛美化，观赏价值极高。由于其抗性强，在公园、学校、家庭等地广泛使用。

八宝景天果序 ▷

景天地被景观

八宝景天地被景观

八宝景天春天新发植株地被景观

八宝景天营养体地被景观

八宝景天地被景观

八宝景天地被景观

紫锦草

别名：紫叶草、紫竹梅
科属名：鸭跖草科紫锦草属
学名：*Setcreasea purpurea*

紫锦草的花 ▷

形态特征

多年生常绿草本。枝叶肉质状，稍多汁，全株呈紫红色，高15~50cm，半直立，茎伸长后呈半蔓性，能匍匐地面生长，多分枝。叶互生，狭披针形，叶基部抱茎，紫红色，质脆，被白色细茸毛，叶面具暗色脉纹。花顶生或腋生，为缩短的聚伞花序；花瓣淡紫色或桃红色。蒴果。花期为夏、秋季。

适应地区

我国南方地区广泛栽培。

生物特性

喜温暖而不耐寒，较耐旱和耐湿，生长适温为15~25℃。对光线适应力强，在强光或阴蔽处均能生长。光照强烈，植株较矮小，叶片较短，叶色呈浓紫色，阴蔽处植株则生长纤细、节间伸长，叶色转褐绿色。在土壤水分充足的环境中枝叶繁茂。

紫锦草地被景观

繁殖栽培

用扦插法，除冬季严寒时期外，全年均可繁殖。剪生长较强壮的带叶茎枝，每段2节以上，直接插入培养土中，保持湿度，经2~3月即能生根成长。庭院栽培可直接将插穗斜插于疏松土中，株距为15~20cm。施肥可用有机肥料，每2~3月施用一次。栽培多年的植株老化，在早春应施行修剪或强剪，促其萌发新茎叶。

紫锦草植株

景观特征

植株匍匐状，叶色鲜艳，花色桃红，花、叶观赏价值均佳。群植或丛植的效果好。

园林应用

可用于庭园丛植、群植美化，也可作为花坛的主体植物或镶边材料。盆栽可布置于客厅、阳台、办公室上。

半枝莲

别名：太阳花、松叶牡丹、龙须牡丹
科属名：马齿苋科马齿苋属
学名：*Portulaca grandiflora*

形态特征

一、二年生肉质草本植物，也可多年生，高10~20cm。枝条倒伏半匍生、肉质。叶互生或散生，肉质，圆柱形，其叶和茎均带有紫红晕。花单生于茎顶，花瓣5枚，有重瓣种。花色丰富多彩，有深红、紫红、棕红、深黄、淡黄等。花期春末到秋季，单花花期短。花色品种繁多。

适应地区

我国各地有栽培。

生物特性

不耐寒，怕炎热，喜干燥的砂质壤土，耐瘠土，能自播。花朵见阳光才绽放，所以又叫太阳花和午时花。

繁殖栽培

4月初播于露地苗床，发芽整齐，但初期生长十分缓慢。也可于7~8月取嫩梢扦插，容易生根。幼苗在天气暖后生长转快，宜及时间苗和定植，株距25~30cm。扦插苗于9~10月开花。蒴果成熟后即可开裂，散落种子，故需多次采取，花冠干枯一触即落者，即可采收。管理粗放，花期可通过调整播种期和嫩梢扦插期来调控。若4月初播种，6月初至8月开花；5月初播种，则7~9月开花。嫩梢扦插，一般插后约60天可开花。

半枝莲地被景观

景观特征

植株肉质，具有匍匐性。花色丰富，混色种植效果更佳。花期长、着花量大，成片种植开花时五彩缤纷，气势恢宏。

园林应用

是阳地地被、花坛边缘、花境边缘的良好材料，可种植于斜坡或石砾地，也可做盆花。

＊园林造景功能相近的植物＊

中文名	学名	形态特征	园林应用	适应地区
大花马齿苋	*Portulaca oleracea var. gigantea*	茎匍匐。叶扁平、长椭圆形，顶端圆，基部斜。花大、花色丰富	同半枝莲	同半枝莲

半枝莲的花 ▷

大花马齿苋地被景观

大花马齿苋的花、叶

大花马齿苋地被景观

马利筋

别名：莲生桂子花、芳草花、金盏银台
科属名：萝藦科筋属
学名：*Asclepias curassavica*

马利筋 ▷

形态特征

多年生直立草本，灌木状，高达 80cm。全株有白色乳汁。茎淡灰色，无毛或微毛。叶膜质，披针形至椭圆状披针形，顶端短渐尖或急尖，基部楔形而下延至叶柄，无毛或在脉上有微毛；叶柄长 0.5~1cm。聚伞花序顶生或腋生，着生 10~20 朵，花冠紫红色，裂片长圆形，反折；副花冠生于合蕊柱上，5裂，黄色，匙形，有柄。蓇葖果披针形，两端渐尖。花期几乎全年，果期 8~12 月。品种较少，常见的栽培变种为黄冠马利筋（cv. Flaviflora），花冠的颜色为黄色。

马利筋地被景观

适应地区

我国华南、西南、华中等地有栽培，也有野生和驯化。

生物特性

喜温暖向阳、避风干燥的环境。生育适温为22~30℃。生性强健，适应性强，不择土壤，但以肥沃的砂质土壤或壤土为佳。

繁殖栽培

用播种法繁殖。春至秋季均能播种，种子发芽适温为 22~27℃。保持湿度，经 7~10 天便能发芽成苗。春播约夏至秋季开花，秋播第二年至夏季开花。追肥用有机肥料，每 1~2 月施肥一次，每次花期过后应修剪整枝一

次，老化的植株每年早春应强剪一次，促其枝条新生。春至夏季虫害较多，可用万灵、速灭松等防治。

景观特征

花冠朱红色，副花冠金黄色，盛开时轻盈明媚，多彩多姿，群体种植更是满眼花色，气势非凡。种子具茸毛，就像一顶顶降落伞，清风扬起，便随风飘散，很是轻逸。

园林应用

花色鲜艳，花期长久，是良好的地被植物，小苗时期效果就表现良好。地被可配置于水边、公园、花坛或小游乐园之内。盆栽以大盆为佳，也可做岩石、庭院的点缀植物。

✵ 园林造景功能相近的植物 ✵

中文名	学名	形态特征	园林应用	适应地区
矮马利筋	*Asclepias tubiaosa*	植株高 20~30cm。花多而密，鲜黄色	同马利筋	适合于温带和亚热带地区

水鬼蕉

别名：蜘蛛兰、螯蟹花
科属名：石蒜科水鬼蕉属
学名：*Hymenocallis littoralis*

水鬼蕉花序 ▷

形态特征

多年生草本。具鳞茎。叶基生，带形，长60~80cm，先端急尖，基部渐狭，深绿色具有光泽。伞形花序，3~8朵小花着生于粗壮的花葶顶部；佛焰苞状总苞片长5~8cm，基部极阔；花白色，花径可达20cm；花被筒长裂，裂片上部呈线形或披针形，下部联合成杯状或漏斗状；花柱约与雄蕊等长或更长。花期为夏、秋两季。有金边品种。

适应地区

我国南方地区广泛栽培。

生物特性

喜阴，也耐全日照。喜温暖、潮湿气候，冬季在温暖地区露地越冬，北亚热带稍加养护即可。北方多做盆栽，越冬温度在15℃。

繁殖栽培

分株繁殖为主。每年3月将母株挖出，把侧旁的子株切下分栽。也可播种繁殖。栽植以3~5月为宜，必须在霜后进行。生长期要注意肥水管理，花后及时修剪残花。

水鬼蕉地被景观

水鬼蕉地被景观

水鬼蕉地被景观

景观特征

叶姿健美，花期6~7月，花白色，花形别致，亭亭玉立。地被质地粗糙，风格自然。

园林应用

园林中常用于花径条植、草地丛植，温室盆栽供室内、门厅、道旁、走廊摆放。也是南方城市街道、立交桥下绿化的常用品种。

麦冬类和沿阶草类

科属名：百合科麦冬属、沿阶草属
学名：*Liriope* spp. , *Ophiopogon* spp.

形态特征

两类植物外形和造景功能相近，生态习性也比较近似。麦冬类和沿阶草类为多年生草本。根状茎短。叶基生、丛生，叶片狭条形。花葶顶生，小花多朵轮生组成总状花序状。麦冬类有阔叶麦冬（*Liriope platyphylla*）、金边阔叶麦冬（*L. platyphylla* var. *variegata*）、山麦冬（*L. spicata*）、黑叶山麦冬（*L. spicata* cv. Kokuryu）、金心麦门冬（*L. muscari* cv. Golden）。沿阶草类有沿阶草（*Ophiopogon bodinieri*）、矮小沿阶草（*O. bodinieri* var. *pygmaeus*）、间型沿阶草（*O. intermedius*）、银边沿阶草（*O. intermediu* cv. Argenteo-marginantus）、金丝沿阶草（金丝马尾）（*O. jaburan* cv. Aureus-vittatus）、银丝沿阶草（银丝马尾）（*O. jaburan* cv. Argenteus-vittatus）、四川沿阶草（*O. szechuanensis*）、麦冬沿阶草（*O. japonicus*）、玉龙（*O. japonicus* cv. Nanus）。

麦冬沿阶草地被景观

适应地区

许多种类原产于我国，在我国各地广泛使用。

生物特性

极耐阴、耐寒、耐湿，抗旱、抗病虫、抗盐碱，对土壤要求不严，但以沙壤土中的长势最好。特别适合栽植在坡度较大、给水条件差、地上部树林密度大的地方。

繁殖栽培

以分株繁殖为主，也可播种。可于3~4月掘出老株，切去块根供药用，剪去上部叶片，留5~7cm长，再从根部切开，以3~5株成丛穴植，株距25~30cm，栽植后隔3~4年再行分栽。栽培管理粗放，宜在土壤湿润、通风良好的半阴环境中栽植。除施足基肥以外，还应增施液体追肥。盆栽者夏季需要移置阴棚内养护，冬季需移入冷床或冷室，保持半阴。

景观特征

栽植后，终生免修剪，自然成坪，整齐美观，冬季还可以观果。管理费用极低，很适宜管理较粗放的单位栽植，是较理想的地被材料。

园林应用

栽于庭院、宅旁、公园、植物园及游览风景区人行道两边的花木下、台阶两侧、花坛周围，或群植于树林下、点缀于人造假山石缝等处。叶片丛生可覆盖地面、吸尘、阻止杂草生长，又能绿化庭院、净化空气，是良好的地被材料。

玉龙 ▷

麦冬沿阶草

金边阔叶麦冬

银丝马尾

阔叶麦冬花序

阔叶麦冬地被景观

山麦冬地被景观

银边沿阶草地被景观

银边沿阶草地被景

大花美人蕉

别名：法国美人蕉、凤尾花、小芭蕉
科属名：美人蕉科美人蕉属
学名：*Canna generalis*

大花美人蕉 ▷

形态特征

多年生球根花卉。地下茎肉质，植株高达1m，不分枝。叶互生，基部抱茎，成鞘状，长椭圆状披针形，具羽状平行脉，绿色或紫红色。总状花序，花色丰富，花期长；花大，花萼、花冠不明显，5枚退化雄蕊中3~4枚扁平成瓣状，呈乳白、黄、粉红、橙、红等色或各色斑点。蒴果具刺突起。种子黑色。花期5~11月。园艺杂交品种很多，其中有金脉大花美人蕉（cv. Striatus）。

适应地区

热带、亚热带地区广为栽培。

生物特性

喜温暖、阳光充足，怕强风。不择土壤，但在肥沃而富含有机质的深厚土壤中生长旺盛。不耐寒，冬季地上部分枯萎，地下部分宿存过冬。

繁殖栽培

主要用分割块茎和分株法繁殖，也可播种繁殖。分割块茎法，可于春季分割一次，盆栽或露地种植，每段根状茎必须有1个以上的顶芽。在生长期应保证肥、水充足。种植前应施足基肥，以堆肥为基础。生长期间及开

大花美人蕉地被景观

花前每隔20天左右需施一次液肥，同时及时松土，以利于根系发育，这样就能使其枝叶繁茂，花大色艳。每次花谢后都要及时剪除残花葶，并施液肥，为下次开花储蓄养分。

景观特征

花大而艳丽，叶片翠绿繁茂，是夏季少花季节时的珍贵花卉，有较强的抗二氧化硫能力。

园林应用

大片种植做地被，配置在园林绿地、道路隔离带，也可点缀于花坛、花境、草坪，宜做花境背景或花坛中心栽植，也可用于道路两边布置。

＊园林造景功能相近的植物＊

中文名	学名	形态特征	园林应用	适应地区
鸳鸯美人蕉	*Canna orchiodes*	植株高1.5m。具根状茎。叶形、花形近似大花美人蕉，花瓣状退化雄蕊二色相间	同大花美人蕉	同大花美人蕉
紫叶美人蕉	*C. warscenwiczii*	具植株高1.5m。具根状茎。叶形、花形近似大花美人蕉，茎和叶片紫色	同大花美人蕉	同大花美人蕉
美人蕉	*C. indica*	植株高1~1.5m。叶长椭圆形。花小，2朵聚生，鲜红色	同大花美人蕉	同大花美人蕉

大花美人蕉地被景观

大花美人蕉植株

大花美人蕉

大花美人蕉

大花美人蕉

金脉大花美人蕉地被景观

大花美人蕉

大花美人蕉

大花美人蕉

鸳鸯美人蕉

白花三叶草

别名：白车轴草、白三叶
科属名：豆科车轴草属
学名：*Trifolium repens*

白花三叶草地被景观

形态特征

多年生草本，高 10~30cm。全株无毛。主根短，侧根和须根发达；茎匍匐蔓生，上部稍上升，节上生根。掌状三出复叶，托叶卵状披针形，膜质，基部抱茎或鞘状，离生部分锐尖；叶柄较长；小叶倒卵圆形至近圆形，先端凹头至钝圆，基部楔形渐窄至小叶柄。花序球形，顶生，总花梗甚长，具花 20~50 朵，密集；萼钟形，花冠白色、乳黄色或淡红色，具香气，子房线状长圆形。荚果。种子通常 3 颗，阔圆形。花、果期 5~10 月。品种主要根据叶型大小来划分，分为小型叶、中型叶和大型叶三类品种。

适应地区

我国东北、华北、中南、西南等地均有栽培。

生物特性

喜凉爽至温暖的环境，平地夏季高温则生长不良，生长适温为 12~23℃。不耐阴，喜阳光充足的环境。喜排水良好的沙壤土，适应性强，在 pH 值为 5.5~7 的土壤中都能生长，不耐盐碱土壤。耐寒，耐霜，耐旱，对践踏的耐受性一般。

繁殖栽培

繁殖以播种为主。可在春季 3 月中旬或秋季 10 月中旬左右条播或撒播，在长江流域以南地区以秋播为主，每亩播种量约为 0.5kg。也可采用扦插和分株法繁殖。生长期间 1~2 月施肥一次。需重视夏季管理，以防植株枯黄，抗虫害能力强，但如发现有害虫时，可用敌敌畏、敌百虫等喷杀。

景观特征

株形匍匐，上部稍直立，形成致密地被。微观上，小叶 3 片生长一起呈三角形，叶面上还带有 "V" 形白色斑纹，3 个小叶上的 "V" 形斑纹又组成三角形，式样奇特。头状花序，花白色，群植开花时节，一片白色花海，气势非凡。

园林应用

是一种优良的地被植物，繁衍能力强，绿色期长，适合在庭院、校园、公园大面积种植，作为观赏性的草坪。

白花三叶草

白花三叶草 ▷

白花三叶草地被景观

白花三叶草地被景观

白花三叶草地被景观

✳ 园林造景功能相近的植物 ✳

中文名	学名	形态特征	园林应用	适应地区
红花三叶草	*Trifolium pratense*	草本。掌状三出复叶，叶具长柄。花序头状，花色暗红或紫色。荚果	同白花三叶草	耐寒、耐旱能力较差，一般较适应南方地区

莓叶委陵菜

科属名：蔷薇科委陵菜属
学名：*Potentilla fragarioides*

莓叶委陵菜植株 ▷

形态特征

多年生草本。根茎短。基生叶为羽状复叶，顶生 3 小叶，密集排列，外形似草莓叶，小叶片长圆形、倒卵形，边缘具细钝锯齿，侧脉上面凹下，细密，斜上。伞房状聚伞花序，花茎直立或上升，花直径通常 0.8~1cm；花瓣黄色，略带橙色，宽倒卵形，顶端微凹，比萼片稍长。瘦果卵球形。花、果期 4~10 月。

适应地区

产于我国北方各地。

生物特性

喜阳，多生于草甸、林缘、路旁等沙石质的干旱坡地。根系发达，深度可达 50cm，沿沙隙石缝强势扩展。生态适应范围广，耐干旱、耐严寒、耐贫瘠。自然繁殖速度较快。

繁殖栽培

以种子繁殖为主，也可进行分株繁殖。25℃条件下保湿播种，因种子小，覆土需薄且均匀，10 天即可萌芽。抗逆性强，对温度、水分、养分及光照等有很宽的适应范围，栽培简单易行，在各种土壤上均可生长良好。常规管理即可正常生长，抗病虫害能力强，在雨季之初每两周可喷施一次粉锈宁，冬季不需防护即可越冬。

莓叶委陵菜地被景观

景观特征

植株匍匐，地被致密。初花期在 5 月，为春花植物，叶色深绿，叶形美观，花形优美，单株种植和群植观赏价值都很高，群植开花时景观效果较好。

园林应用

因其叶色、叶形美观，叶柄含水量少，纤维比例大，韧性好，地被可耐受轻度踩踏，具有美化、绿化价值。可与其他宿根花卉配合成宿根植物花坛或花境，配置在花坛的边缘，也可布置在园林通道两侧或花灌木丛边缘。

＊ 园林造景功能相近的植物 ＊

中文名	学名	形态特征	园林应用	适应地区
委陵菜	*Potentilla chinensis*	根茎短，多分枝。叶茎生羽状复叶，小叶 5~15 对，被疏短柔毛或白色绢质长柔毛。聚伞花序，花瓣黄色	同莓叶委陵菜	同莓叶委陵菜

小冠花

别名：绣球小冠花、变异小冠花
科属名：蝶形花科小冠花属
学名：*Coronilla varia*

小冠花花和叶 ▷

形态特征

多年生草本。茎半匍匐，粗壮，多分枝，高50~100cm，茎、小枝圆柱形。奇数羽状复叶，具小叶11~17片；叶柄短，无毛；小叶薄纸质，椭圆形或长圆形，长15~25mm，宽4~8mm，两面无毛。伞形花序腋生，长5~6cm，比叶短；总花梗长约5cm，花5~10朵，密集排列成球状；蝶形花，花冠紫色、淡红色或白色，有明显紫色条纹。荚果细长，具4棱。种子长圆状倒卵形，光滑，黄褐色。花期6~9月。

小冠花地被景观

适应地区

我国黄淮流域及江苏、北京等地广泛栽培。

生物特性

生长健壮，适应性强。喜阳，耐半阴，不耐湿涝。尤其耐寒，在沈阳地区可露地自然越冬，可耐-30℃严寒。耐瘠薄土壤，抗病虫害能力强，能耐一定的盐碱，在pH值为6.5~8.4的土壤均可生长。

繁殖栽培

可采用播种育苗、根蘖苗移植和茎蔓扦插等方法。由于其种皮坚硬，播种前应对种子进行硬磨或稀硫酸处理，以利催芽。幼苗生长缓慢，易受杂苗危害，苗期应注意灌水、松土和除草。幼苗移栽后，应立即灌水1~2次，中耕除草2~3次。成年植株有很强的抗性，只需粗放管理。

景观特征

抗旱、抗寒、耐践踏，生命力顽强，开花呈粉红色，花色艳丽，花期长，是营造田园风光的绿化材料。

园林应用

是抗性和固土能力极强的地被植物，可大量栽植于公路、铁路两旁的护坡和立交桥上，既能防护路堤，又有美化路容的作用。也可在园林成片栽植，是较好的观花地被植物。

小冠花地被景观

常夏石竹

别名：细叶石竹
科属名：石竹科石竹属
学名：*Dianthus plumarius*

形态特征

多年生草本，高 30~50cm。全株无毛，具
白粉。茎由根茎伸出，细小、丛生、直立，
茎节膨大。叶片线形，顶端渐尖，基部稍狭，
全缘或有细小齿，中脉明显。花 2~3 朵集成
聚伞花序，生于枝顶；苞片 4 片，卵圆形，
顶端常渐尖，长达花萼的 1/2 以上；花萼圆
筒形，萼齿披针形；花瓣片倒卵状三角形，
粉红色、深粉红色或白色，顶缘不整齐粗齿
裂，喉部有斑纹；花柱线形。蒴果圆筒形，
包于宿存萼内，顶端 4 裂。种子黑色，扁圆形。
花期 4~6 月，果期 7~10 月。栽培品种多。
另外，许多花坛种也可以做地被材料，如石
竹（*D. chinensis*）等。

适应地区

在东北、华北、西北及长江流域各省区广泛
应用。

生物特性

喜阳光充足，对阴蔽稍有耐受性。喜凉爽气
候，耐寒，对高温耐受性差。喜高燥、通风，

常夏石竹的果

耐干旱，喜排水良好、肥沃、疏松及含石灰
质的壤土，忌潮湿、水涝。

繁殖栽培

可用播种、扦插或分株法繁殖。9 月播种于
露地苗床，播后 5 天即可出芽，苗期生长适
温为 10~20℃。也可于 9 月露地直播或 11~
12 月冷室盆播。扦插可在 10 月至翌春 3 月
进行，分株在 4 月进行。约每隔 4 周施肥一
次，可施用有机肥或复合肥。病害用普克菌、
虫害用万灵加以防治。

景观特征

茎枝纤细，地被整齐、细腻。叶狭长披针形，
叶色灰绿，地被呈灰色。花朵繁密，色彩丰
富、鲜艳，质如丝绒，地被花期景观独特、
美丽，颇受人们喜爱。

园林应用

是一种园林造景的优良草花，除做地被外，
还可布置于花坛、花境。

常夏石竹

常夏石竹的花 ▷

常夏石竹

常夏石竹地被景观

常夏石竹地被景观

萱草

别名：鹿葱、川草花、忘郁、丹棘
科属名：百合科萱草属
学名：*Hemerocallis fulva*

形态特征

多年生草本。根先端膨大呈纺锤状。叶基生，狭长条形，长 40~60cm，宽 2~3.5cm。花葶高 60~100cm，顶端分枝，有花 6~12 朵或更多，排列为总状或圆锥状花序，花梗短；苞片卵状披针形；花橘红色或橘黄色，无香气；花被管长 2~3.5cm，花被裂片长 8.5~9cm，开展而反卷，内轮花被片中部有褐红色的粉斑，边缘波状皱褶。花期 6~8 月，果期 8~9 月。变种有重瓣萱草（var. *kwanso*），花半重瓣。其他品种有北黄花菜（*H. lilioaspodelus*）、小黄花菜（*H. minor*）、大花杂种萱草（*H. hybridus*）、黄花菜（*H. citrina*）。

萱草植株

萱草花色

适应地区

原产于我国南部，我国南北地区广为栽培。

生物特性

适应性强，喜阳光，也耐半阴。耐寒，也耐高温。既耐旱，又能在低湿地正常生长。对土壤要求不严，耐瘠薄，但以土层深厚、富含有机质、湿润、排水良好的土壤为宜。

繁殖栽培

一般用分株法繁殖。分株每 3 年左右进行一次，春、秋季均可，以秋季分株为好。可在 9 月中、下旬将地上部分枯萎后的老株挖出，分丛栽植，每丛带 2~3 个芽。春季分株，则需在发芽前进行。一般不用种子，种子在采收后需立即播种，经冬季低温处理后第二年才能发芽。较耐粗放管理，不需要特殊养护。根系发达，也应选土层深厚的土壤，并施有机肥做基肥，生长期及时追肥灌水，使之生长健壮。花后应及时剪除花梗，以减少养分消耗。

景观特征

花色鲜艳，形态飘逸，特别是片植效果更好，是观花、观叶的好材料。

园林应用

矮生品种大面积布置做地被，也适用于花坛、花境、林间草地和坡地丛植，还可以做切花材料。

❋园林造景功能相近的植物❋

中文名	学名	形态特征	园林应用	适应地区
矮萱草	*Hemerocallis nana*	植株较小，高 20~40cm	同萱草	同萱草

萱草花色 ▷

萱草植株

萱草地被景观

萱草地被景观

萱草地被景观

杂种大花萱草景观

黄花菜

玉簪

别名：玉春棒、白鹤花、玉泡花
科属名：百合科玉簪属
学名：*Hosta plantaginea*

白心波叶玉簪 ▷

形态特征

多年生草本，高 40~70cm。丛状叶基生，卵形至心脏状卵形，有长柄。总状花序顶生，花管状漏斗形，筒长约 13cm，白色，有浓香，夜晚开放。花期 7~9 月，果熟期 10 月。品种有花叶玉簪（*Hosta plantaginea* cv. Fairy Varirgata）、重瓣玉簪（var. *plena*）、高丛玉簪（*H. fortunei*）、粉叶玉簪（*H. glauca*）、波叶玉簪（*H. undulata*）、紫萼（*H. ventricosa*）、圆叶玉簪（*H. sieboldiana*）、白心波叶玉簪（var. *univittata*）、金科·克雷格玉簪（*H.* cv. Ginko Craig）、山麓之金玉簪（*H.* cv. Piedmont Gold）。

适应地区

景观应用于我国长江流域及以北地区。

生物特性

为典型的阴性花卉，喜湿，忌强光直射，多长在林边、岩石边和草坡湿地。耐寒，在长江中下游地区能越冬。宜肥沃、疏松的沙壤土。

繁殖栽培

常用分株和播种繁殖。分株繁殖，春、秋季均可进行，将根状茎分割成丛，每丛带 2~3 个芽眼，进行分栽，新株当年即可开花。播种繁殖，春播 40 天出苗，秋播要翌年春季出苗，实生苗需 3 年开花。春季地栽，种植地点以不受阳光直射的阴蔽处为好。栽前在植株旁施基肥，生长期间注意浇水保持土壤湿润，每月施肥一次，8~9 月开花前增施一次磷、钾肥，霜后地上部枯萎，留下根状茎和休眠芽露地越冬。一次栽植 2~3 年后再行分株。

玉簪地被景观

玉簪地被景观

景观特征

叶片清秀，亭亭玉立，散发芳香，是优良的耐阴花卉。

园林应用

花色白如玉，清香宜人，为中国古典庭园中的重要花卉之一，适合于树下、建筑物周围阴蔽处或岩石园栽植。其既可地栽，又可盆栽，或做切花切叶，是一种耐阴的园林地被植物。近年来，白边、斑纹、皱叶和小型品种的出现，成为盆栽观赏的佳品。

金科·克雷格玉簪　　白心波叶玉簪　　山麓之金玉簪

圆叶玉簪　　玉簪花序

玉簪植株　　波叶玉簪　　波叶玉簪

紫萼地被景观

玉簪地被景观

花叶玉簪地被景观

玉簪地被景观

玉竹

别名：地管子、尾参、铃铛菜
科属名：百合科黄精属
学名：*Polygonatum odoratum*

形态特征

多年生草本植物。根状茎圆柱形，直径 5~
14mm，地上茎高 20~50cm，不分枝，具 7~
12 片叶。叶互生，椭圆形至卵状矩圆形，长
5~12cm，宽 3~16cm，先端尖，下面带灰
白色。花序具 1~4 朵花，总花梗长 1~1.5cm，
无苞片或有条状披针形苞片；花被黄绿色至
白色，花被筒较直。浆果蓝黑色。花期 5~6
月，果期 7~9 月。本种广泛分布于欧亚大
陆的温带地区，变异甚大，因此品种繁多，
有斑叶玉竹（*P. odoratum* var. *pluriflorum* cv.
Variegatum）等。

玉竹地被景观

适应地区

我国广泛栽培。

玉竹地

玉竹花 ▷

生物特性

适应性较强，耐阴、耐寒、喜凉，生长在温凉、湿润地区。喜肥沃、疏松、排水良好、土层深厚的土壤。

繁殖栽培

可分株繁殖或地下根茎栽植。冬季休眠后，早春欲萌发新芽时最佳，秋季果熟后，挖取根状茎，切成 6cm 长，栽于已经做好的苗床上，按株行距 10cm×15cm、穴深 6cm 栽植，平放、覆土、压实，浇透水。以腐殖质土为佳，日照 50%~70%，追肥每月一次，生长适温为 10~20℃。出苗后需及时除草，冬季地上部分凋萎后加覆盖物，保持表土疏松、湿润，促使根茎粗大，每年于 5 月中旬

现蕾前用 25% 粉锈宁 1000 倍液喷地上部分，防治疾病。

景观特征

叶平展而轻盈，叶面绿色，叶背灰白色，给人以刚柔并济的感觉。花黄绿色至白色，绽放于绿叶之间，气质不俗，深受人们喜爱。

园林应用

茎叶清秀挺拔，花钟形下垂，清雅可爱，在园林中宜植于林下或林缘，作为观赏的地被植物，或用于花境。由于其耐阴、耐寒，也可植于篱笆边或建筑物背阴处，同时也是美化庭园、装饰阳台的良好植物。

玉竹果

玉竹花

玉竹地被景观

鸢尾类

科属名：鸢尾科
学名：*Iris* spp.

形态特征

多年生宿根或球根草本。叶多基生，相互套叠，排成两列，叶剑形、条形或丝状，叶脉平行，中脉明显或无，基部鞘状，顶端渐尖。大多数的种类只有花茎而无明显的地上茎，花茎自叶片丛中抽出，顶端分枝或不分枝；花序生于分枝的顶端或仅在花茎顶生1朵花；花及花序基部着生数片苞片，膜质或草质；花较大，蓝紫色、紫色、红紫色、黄色、白色；花被管喇叭形或甚短而不明显，花被裂片6片，2轮排列，外轮花被裂片3片，常较内轮的大，上部常反折下垂，基部爪状，平滑，无附属物或具有鸡冠状或须毛状的附属物，内轮花被裂片3片；雄蕊3枚，着生于外轮花被裂片的基部，花药外向开裂，花丝与花柱基部离生；雌蕊的花柱单一，上部3分枝，有鲜艳的色彩，呈花瓣状；子房下位，3室，中轴胎座。蒴果有喙或无。花期一般4~5月，果期6~8月。园艺品种甚多，花色鲜艳，有纯白、白黄、姜黄、桃红、淡紫、深紫等。主要种有德国鸢尾（*I. germanica*）、日本鸢尾（*I. japonica*）、西伯利亚鸢尾（*I. sibirica*）、杂交鸢尾（*I. hybrida*）、银苞鸢尾（*I. palhda*）、矮鸢尾（*I. pumila*）、鸢尾（*I. tectorum*），还有观叶品种，如白玉香根鸢尾（*I. pallida* cv. Variegata）、粗纹鸢尾（*I.* cv. Bold Print）、超级纱丁（*I.* cv. Supreme Sultan）、白城（*I.* cv. White City）。

适应地区

全世界约有300种，分布于北温带。我国约产60种，13变型，主要适应于西南、西北、东北、华北、华中、华东等地。

杂交鸢尾

生物特性

适宜阳光充足的地方，部分种耐阴，生于林缘及水边湿地。性强健，耐寒性较强，露地栽培时，地上茎叶在冬季不完全枯萎。喜生于排水良好、适度湿润、微酸性的土壤，也能在砂质土、黏土上生长。

繁殖栽培

可用分株法或播种法繁殖。分株可于春、秋季或开花后进行，一般2~5年分割一次，根茎粗壮的种类，分割后切口宜蘸草木灰、硫黄粉或放置稍干后栽种，以防病菌感染。生育期间1~2月施有机肥一次，土质要经常保持湿润。花谢后将残花剪除，以利新的花芽产生，继续开花。冬季在较寒冷的地方应覆盖厩草或草蒿等物质防寒。

景观特征

植株形态秀美挺拔，叶片青翠，似剑若带，花大而美丽。各个品种的花色都柔和娇美，色彩典雅庄重，有纯白、蓝紫、桃红、姜黄和蓝色等，丰富多彩。

园林应用

常做地被和花坛，因其花形、花色、叶形等很美观，可布置成专类花园。

粗纹鸢尾 ▷

德国杂交鸢尾地被景观

鸢尾地被景观

德国鸢尾景观

中文名	学名	形态特征	园林应用	适应地区
射干	Belamcanda chinensis	叶剑形，互生排列，扁平如扇。花色橙红带鲜红色斑点	同鸢尾类	我国南北省区均有分布
火烧兰	Crocosmia crocosmiflora	株高 40~60cm，叶剑形，春夏开花	同鸢尾类	全国各地

鸢尾　　鸢尾　　鸢尾　　日本鸢尾

杂交鸢尾　　杂交鸢尾　　杂交鸢尾　　杂交鸢尾

杂交鸢尾　　杂交鸢尾　　杂交鸢尾　　白城

超级纱丁　　白玉香根鸢尾　　射干　　射干

德国鸢尾景观

射干地被景观

日本鸢尾地被景观

第三章

灌木类地被
植物造景

造景功能 | 亚灌木植株低矮、分枝众多且枝叶平展，枝叶的形状与色彩富有变化，有的还具有鲜艳果实，而且易于修剪造型，常见的有十大功劳、小叶女贞、金叶女贞、红花檵木、紫叶小檗、杜鹃等。

扶桑

别名：朱槿、佛桑、大红花
科属名：锦葵科木槿属
学名：*Hibiscus rosa-sinensis*

花叶扶桑各色斑纹 ▷

形态特征

常绿灌木，高 1~3m。多分枝，小枝红色。
叶互生，广卵圆形，叶缘具锯齿，叶面具光
泽。单花着生在枝条上部的叶腋间，花萼合
生成管，5 裂；花瓣分离，有单瓣和重瓣，
花冠呈漏斗状；花色艳丽而丰富，有白、粉
红、黄、橙红、红和紫红等；花大型，直
径 10~20cm，雄蕊、花丝合生成管伸出花
冠之外。品种繁多，有 3000 余个，根据花
色、叶色、瓣性等特征分类。做地被一般多
采用彩叶或枝条柔软的品种。有品种花叶扶
桑（cv. Cooperi）。

适应地区

我国南方地区广泛栽培。

生物特性

喜日照充足的环境，稍耐阴。耐水湿，也耐
干旱。朝开暮闭，花期甚长，只要温度适宜，
全年都可开花。宜湿润、肥沃的土壤。萌芽
力强，耐修剪，易整形。

扶桑花特写

繁殖栽培

开花虽多，结籽却少，多用扦插法繁殖。定
植时按 30cm×40cm 间距，加强修剪，促
发侧枝，早成地被。

景观特征

株形圆球形，分枝多。花大色艳，为马来西
亚国花，花期可长达全年。

园林应用

通过修剪，控制植株高度，可做地被，也可
作绿篱、庭院绿化造景。

花叶扶桑地被景观

花叶扶桑地被景观

福建茶

别名：基及树、猫仔树
科属名：紫草科基及树属
学名：*Carmona microphylla*

福建茶地被景观 ▷

形态特征

灌木，高 1~3m。多分枝；分枝细弱，幼嫩时被稀疏短硬毛。叶革质，倒卵形或匙形，长 1.5~3.5cm，宽 1~2cm，先端圆形或截形并具粗圆齿，基部渐狭为短柄，上面有短硬毛或斑点，下面近无毛。聚伞花序开展，宽 5~15mm，花序梗细弱，长 1~1.5cm，被毛；花萼长 4~6mm，花冠钟状，白色或稍带红色，长 4~6mm，雄蕊着生于花冠筒近基部。

适应地区

原产于我国东南部，巴布亚新几内亚及所罗门群岛也有分布。生于低海拔的平原、丘陵及空旷灌丛中。

生物特性

喜温暖和湿润的气候，不耐寒冷，在充足的阳光下生长健壮良好。适生于疏松、肥沃及排水良好的微酸性土壤。萌芽能力强，耐修剪。

繁殖栽培

多用扦插和高压法进行繁殖，一般于春、秋季进行。在春、秋季或梅雨季节，选取生长健壮的一年生枝条或当年生木质化枝条进行扦插，还可在初夏至初秋采用根插繁殖。也可用种子繁殖，种子储藏至第二年春播。生长期间每隔 2~3 个月施肥一次，若用化肥，注意氮肥不可过多，以防徒长。管理较粗放，除冬季外，春、夏、秋 3 季都可摘芽修剪，并注意防治介壳虫和蜗牛。

景观特征

矮小灌木，多分枝，质感嶙峋，可塑性强，叶片长椭圆形，叶厚而浓绿且有光泽。

园林应用

地被质地细腻，修剪后轮廓分明，保持时间长。因其有极强的生长能力和耐修剪能力，常作地被和绿篱使用。也可做盆栽。

福建茶地被景观

福建茶地被景观

变叶木

别名：洒金榕
科属名：大戟科变叶木属
学名：*Codiaeum variegatum var. pictum*

形态特征

灌木，高1~2m。植物体具白色乳汁。茎直立，多分枝。单叶互生，条形至矩圆形，多变，因品种不同，叶有波状、扭曲；叶色丰富多彩，以绿色、黄色、红色和白色作为基调，在叶上具大小、形状各异的斑点、斑块。总状花序腋生，花小、单性。品种分为细叶（f. *taeniosum*，叶条形，细、短）、阔叶（f. *platyphyllum*，叶卵形、椭圆形）、戟叶（f. *lobatum*，叶较宽，三裂呈戟形）、旋叶（f. *crispum*，叶带形、螺旋状扭曲）、蜂腰（f. *appendiculatum*，带形叶，分为2段，中间以主脉相连）、长叶（f. *ambiguum*，叶带形，正常）等6大类，120余品种。

适应地区

热带地区广泛栽培，我国南方地区应用较多。

生物特性

喜温暖、湿润及阳光充足。对干旱敏感，湿度变化过大，叶片即下垂或微枯。喜黏重、肥沃而有保水性的土壤。

繁殖栽培

栽培土质宜选用含丰富腐殖质、疏松的砂质壤土，排水、日照需良好。生长期每隔1个

变叶木

变叶木

月施肥一次，冬季气温低、蒸发量少，浇水宜少，在盆土见干时再浇水，每年早春4月需进行换盆。常见黑霉病、炭疽病危害，可用50%多菌灵可湿性粉剂600倍液喷洒。室内栽培时，会发生介壳虫和红蜘蛛危害，用50%氧化乐果乳油1000倍液喷杀。

景观特征

叶片形态和色泽多种多样，为著名的观叶灌木，通常作盆栽观赏，暖地也可于庭园中丛植，是观叶植物中叶色、叶形和叶斑变化最丰富的。

园林应用

在阳光充足的环境做地被，色彩鲜艳，也可与其他地被植物搭配，构成色块。可作盆栽观赏，在南方适合于庭院布置，其叶还是极好的花环、花篮和插花的装饰材料。

变叶木 ▷

变叶木地被景观

变叶木地被景观

变叶木地被景观

变叶木地被景观

变叶木地被景观

铺地柏

别名：地柏、爬地柏
科属名：柏科圆柏属
学名：*Sabina procumbens*

铺地柏▷

形态特征

常绿匍匐小灌木，高75cm，冠幅2m。树皮赤褐色，呈鳞片状剥落。枝茂盛柔软，匍地而生；无直立主干，枝条沿地面扩展，枝梢向上伸展。叶全为刺叶，叶色较暗，至冬季变为褐绿色，3叶轮生，先端尖，基部下延，上面凹，有两条白色气孔带，下面蓝绿色，沿中脉纵槽。球果球形，带蓝色，内含种子2~3颗，球果熟时黑色，被白粉。球果初夏形成，第二年秋季成熟。

适应地区

我国黄河流域至长江流域广泛栽培。

生物特性

阳性树，喜阳光充足，但耐干旱、瘠薄，不耐低温。喜肥沃、排水良好的石灰性土壤，适应性强。枝条贴地能生根。

繁殖栽培

多采用扦插法繁殖。在春季3月进行，插穗长12~15cm，剪去下部分枝叶，插深5~6cm。插后将土壤压实，浇透水，搭棚遮阴。高温天气宜勤浇水，但也不宜过湿。插后约3个月即可发根，成活率达90%。培育铺地柏苗木，还可用嫁接或压条法繁殖。在生长季节每月可施一次稀薄、腐熟的饼肥水。宜在早春新枝抽生前修剪。病害以锈病为主，在梅雨季节前可用1%的波尔多液喷洒2~3次，以5月进行为好。虫害主要是红蜘蛛，可用40%乐果乳油2000倍液喷杀之。

铺地柏地被景观

景观特征

枝叶翠绿，蜿蜒匍匐，颇为美观。在春季抽生新枝叶时，观赏效果最佳。地被适用于松柏园、岩石园。

园林应用

可做地被，枝叶茂密，卧地而生，是点缀山石和装饰庭园的良好材料。可片植于林缘或草坡一角，也可盆栽布置或做盆景造型。

✷ 园林造景功能相近的植物 ✷

中文名	学名	形态特征	园林应用	适应地区
沙地柏	*Sabina vulgaris*	常绿匍匐灌木。枝条斜上展。幼树刺叶多，老树鳞叶多，叶交互对生	同铺地柏	分布于西北地区，华北地区多有栽培

铺地柏地被景观

铺地柏（前）和沙地柏（后）地被景观

沙地柏地被景观

沙地柏

沙地柏地被景观

正木

别名：大叶黄杨、冬青卫矛、万年青
科属名：卫矛科卫矛属
学名：*Euonymus japonicus*

形态特征

灌木，高可达 3m。小枝 4 棱。叶革质，有光泽，倒卵形或椭圆形，先端圆阔或急尖，基部楔形，边缘具有浅细钝齿。聚伞花序，5~12 朵，分枝及花序梗均扁状，花白绿色；花瓣近卵圆形。蒴果近球状，淡红色。种子假种皮橘红色。花期 6~7 月，果熟期 9~10 月。栽培品种很多，叶色斑斓，有全绿、金心、镶边等斑纹变化。主要品种有细叶正木（cv. Microphyllcus）、银边冬青卫矛（cv. Argenteo-variegates）、银姬冬青卫矛（cv. Microphylla-variegata）、金心冬青卫矛（cv. Medio-pictus）、黄锦冬青卫矛（cv. Microphylla-Aureovariegata）等。

正木花序

金边正木

适应地区

我国及周边国家都有分布，在我国南北各个省区均可种植。

生物特性

阳性树种，喜光，耐阴。适应性强，较耐寒，喜温暖和湿润的气候。耐干旱和瘠薄，但在肥沃、中性的土壤生长最好。耐修剪整形，对多种有毒气体抗性很强，抗烟吸尘功能也强。

繁殖栽培

可用播种、扦插或高压法繁殖。春、秋季为适期，剪顶芽或中熟枝条，每段长 7~10cm，剪去下端叶片，使用发根剂处理后扦插于砂床中，保持湿度和温度，经 40~50 天能发根。能结籽的品种可用播种的方法，种子发芽适温为 15~25℃。叶色全绿的品种对于光线的适应性较强，斑叶品种较喜欢散漫光。每 1~

2 月施肥一次。枝叶疏少时应常摘心或修剪，促使侧枝萌发。

景观特征

叶色浓绿光亮，厚革质，枝叶繁茂，新枝尤为嫩绿可爱，其变种或栽培种的叶色斑斓，洁净雅致，很是奇特。地被质地较粗。

园林应用

成片种植，构建地被景观，也可用做绿篱。

正木果实 ▷

正木地被景观

金边正木地被景观

正木地被景观

杜鹃

科属名：杜鹃花科杜鹃花属
学名：*Rhododendron* spp.

形态特征

常绿、半常绿灌木，高 0.5~2m。单叶互生，长圆形、披针形，边缘全缘或有齿。伞形花序生于枝顶，花瓣合生成漏斗状，开口大，花冠5裂，雄蕊5枚。花色多样，白色、红色、粉色、复色，花瓣纯色或具有斑块、斑点。做地被的种类主要有锦绣杜鹃（*R. pulchrum*），叶椭圆状长圆形，长 6~7cm，花紫色；白花杜鹃（*R. mucronatum*），叶披针形或卵状披针形，花白色；粉花杜鹃（*R. mucronatum var. kemono*），叶披针形或卵状披针形，花粉红色；杜鹃（*R. simsii*），叶椭圆形，花白、橙、粉等色；西洋杜鹃（*R. indicum*），叶倒披针形，花色多，品种多。

适应地区

全球各地广泛栽培。

粉花杜鹃

生物特性

喜阳光，能耐阴。喜温暖、湿润的环境，也能耐寒。要求土质深厚及排水良好的土壤，适应性较强。

繁殖栽培

主要采用扦插和圈枝法。扦插在 2~4 月进行，圈枝在生长季节进行，50~60 天出根。以自然式栽培为主，一般较为整齐一致，少有修剪。地被常配置于林下，干旱季节注意水分管理。病害主要有锈病、煤烟病、瘿病等，虫害主要有红蜘蛛、介壳虫、蚜虫等。

景观特征

植株低矮，分枝多而密集。开花时花团锦簇，色彩艳丽，观赏效果非常好。

园林应用

常做自然式地被配置于疏林下、林缘或庭院背阴面，也可孤植、丛植于庭院或开阔草坪的边缘。

锦绣杜鹃地被景观

西洋杜鹃 ▷

锦绣杜鹃地被景观

锦绣杜鹃地被景观

白花杜鹃地被景观

锦绣杜鹃地被景观

锦绣杜鹃地被景观

金叶莸

科属名：马鞭草科莸属
学名：*Caryopteris × clandonensis*
cv. Worcester Gold

金叶莸花序 ▷

形态特征

落叶蔓性灌木，高 30~80cm。叶对生，单叶披针形，边缘有粗锯齿，叶上具腺体，从新叶到老叶始终金黄色。花序腋生，集于中枝条上部，小花密集，花冠紫色。

适应地区

应用于我国西北地区，是新兴的优良彩色地被植物。

生物特性

生性强健，对土地要求不严。抗性强，耐寒、耐旱又耐碱。喜阳光充足，生长适温为 15~30℃，冬季落叶越冬。

繁殖栽培

主要采用扦插繁殖。用 3~4 个节的茎段为插穗，插于湿润土壤的苗床或直接插于栽培场地，均易存活。扦插以春、秋季为好。管理粗放，定植初期需要肥水管理，控制杂草，地被长成后病害、虫害、草害不多，不需特别养护。生长旺期可以通过修剪控制生长，春天应统一修剪一次。

金叶莸地被景观

金叶莸地被景观

金叶莸枝条

景观特征

适宜大面积作地被种植，叶色金黄，紫色花序点缀其上，清新高雅，视野宽广，是西北干旱地区优良的地被植物之一。

园林应用

可作大面积的平地、斜坡地被种植，也可于花坛种植。在草地、草坪上配置，色彩对比强烈，效果良好。与红色的草花配置，效果也好。

龟甲冬青

别名：龟纹波缘冬青、龟甲黄杨
科属名：冬青科冬青属
学名：*Ilex crenata var. nummularia*

形态特征

多枝常绿灌木。植株呈丛生状，高 1~2m，树皮灰黑色，侧枝上有棱，幼枝上疏生短柔毛。叶片呈皮革状，簇生于枝条先端，倒卵形，先端钝圆，长 1~2cm，上半部分生有 7 个浅牙齿，呈龟甲状，形状奇特，叶面呈暗绿色，有光泽，平滑无毛，叶背有腺点；叶柄很短，上有微毛。雌雄异株，花单性，小花白色；雄花 3~5 朵组成聚伞花序，着生在当年生枝条的叶腋间，雌花单生，花瓣 4 枚，中央具雌蕊 1 枚，呈圆锥状。果实球形，成熟后黑色。花期 5~6 月。

龟甲冬青地被景观

适应地区

原产于我国亚热带和温热带地区，日本也有分布。现广泛应用于长江流域及其以北地区的园林绿化。

生物特性

较耐寒，冬季可忍耐 -8℃的绝对低温，在淮河流域地栽时可露地越冬。喜湿润的气候条件，较耐阴，在南方多湿的环境条件下栽在阳光充足的地方也能正常生长，夏季怕酷暑。喜疏松的腐殖质土，在酸性土中生长良好，碱性土中叶片黄化。较耐干旱，也耐水湿，极耐修剪。

繁殖栽培

可用播种、扦插及分株法繁殖。播种可在 10 月下旬进行，让种子在苗畦内天然砂藏越冬，翌年 4 月中下旬可全部出苗。扦插应剪取 1~2 年生长良好的营养枝做插穗，不要用花枝和果枝，3 月下旬至 4 月上旬最好。分株宜在早春进行。性强健，适应性强，耐粗放管理。夏季应多修剪，防止侧枝徒长，侧枝萌发力强，重剪后树冠内的侧枝可能过密，应适当疏剪。

景观特征

分枝细密，叶形极小，地被质地细腻。耐修剪，可塑性强，可做各种造型，是很好的常绿绿化树种。

✳ 园林造景功能相近的植物 ✳

中文名	学名	形态特征	园林应用	适应地区
花叶波缘冬青	*Ilex crenata var. variegata*	叶缘波纹状，叶面上有黄色斑纹，斑纹大小不一；在一棵树上还有纯黄和纯绿的叶片间杂着生	同龟甲冬青	同龟甲冬青
豆叶波缘冬青	*I. crenata var. convexa*	叶片密生、厚革质，椭圆形，上半部分有浅锯齿；叶面上有圆形的豆状物	同龟甲冬青	同龟甲冬青

龟甲冬青枝叶 ▷

龟甲冬青地被景观

龟甲冬青地被景观

园林应用

除做地被外，也可成行密植在道路两侧和草坪四周作绿篱使用和庭园配置。

龟甲冬青地被景观

红背桂

别名：红背桂花、青天地红
科属名：大戟科土沉香属
学名：*Excoecaria cochinchinensis*

形态特征

常绿灌木，高 1~2m。叶对生，倒披针形或长圆形，长 8~12cm，上面绿色，下面紫红色。花单性，雌雄异株，很小，长仅 5mm，初开时黄色，后渐变为淡黄白色。夏、秋两季为开花期。变种 var. *viridis* 在海南极为普遍，叶上绿下紫的变种可能由叶两面绿色的变种而来。

适应地区

原产于我国广东、广西及越南，我国南方地区广为栽培。

生物特性

喜温暖、湿润的环境，不耐寒，冬季温度不低于 5℃。耐半阴，忌阳光暴晒。要求肥沃、排水好的沙壤土。

繁殖栽培

常用扦插繁殖。以 6~7 月梅雨季节扦插最好，成活率高。剪取成熟枝条，长 15cm，去除下部叶片，插入沙床，约 30 天生根，50 天后可以上盆。栽培管理较容易。生长期每月施用一次复合肥。适当修剪，保持良好的株形。常见炭疽病、叶枯病和根结线虫病危害。炭疽病、叶枯病用 65% 代森锌可湿性粉剂 500 倍液喷洒，根结线虫病可施用 3% 呋喃丹颗粒剂进行防治。

景观特征

株形矮小，叶面绿色，叶背紫红色，当风动叶舞时，整个地被马上由绿色变为红色，非常有特色。

红背桂地被景观

花叶红背桂

红背桂地被景观

园林应用

地被植于庭园、公园、绿地，又是优良的室内外盆栽观叶植物，盆栽常于室内厅堂、居室点缀。

红背桂地被景观

红花檵木

别名：红檵木
科属名：金缕梅科檵木属
学名：*Loropetalum chinense* var. *rubrum*

形态特征

常绿灌木或小乔木。嫩枝被暗红色星状毛。叶互生，革质，卵形，全缘，嫩叶淡红色。短穗状花序，花瓣 4 枚，淡紫红色，带状线形。蒴果木质，倒卵圆形。种子长卵形，黑色，光亮。花期 4~5 月（个别植株夏、秋两季都能开花），果期 9~10 月。原变种叶绿色，花白色。

适应地区

分布于湖南和长江流域及其以南地区。

生物特性

喜温暖、向阳的环境和肥沃、湿润的微酸性土壤。适应性强，耐寒、耐旱，不耐瘠薄。

红花檵木

在冬季较寒冷的地区，春季发的幼叶颜色尤其鲜艳。

红花檵木地被景观

红花檵木的花

红花檵木地被景观

生健壮枝条或当年生的半木质化枝条。从扦插到移栽一般需要 3 个月，插后 1 个月才开始发根，如 3 月初扦插，在 5 月中下旬方可移栽；5 月扦插，8 月就可移栽；10~11 月扦插，在第二年 3 月中下旬方可移栽。

景观特征

枝繁叶茂，叶色从紫红到鲜红，春季观花、观叶，其余季节叶的观赏价值也高。自然式地被和修剪造型景观效果均好。

园林应用

是美化公园、庭院、道路的名贵观赏树种，做地被、绿篱，孤植、丛植或片植效果良好。也可盆栽。

繁殖栽培

扦插时间 3~11 月都可，但以 3 月初和 5 月为佳。应选择无病虫害、无机械损伤的一年

红花檵木地被景观

黄榕

别名：黄叶榕、黄金榕、黄边榕
科属名：桑科榕属
学名：*Ficus microcarpa* cv. Golden Leaves

黄榕地被景观 ▷

形态特征

常绿小乔木，修剪成灌木状。树干多分枝，树冠广阔，植株含乳液，外伤时流出。叶互生，椭圆形或倒卵形，厚革质有光泽，叶表光滑，表面深绿色，全缘，叶缘及叶脉具有黄白色斑纹，叶缘整齐、有光泽；嫩叶呈金黄色，老叶或日照不足则为深绿色，有白色乳汁。球形的隐头花序，其中有雄花及雌花聚生。隐花果呈球形。

适应地区

分布于热带地区。

生物特性

喜高温、多湿，耐风、耐潮。不择土壤，只要土质肥厚、日照充足均可栽植，种植后要常修剪枝叶，维持树形美观。

繁殖栽培

以插条繁殖为主，也可嫁接繁殖，甚易成活，但不常用。阳性树，喜高温，只要土质富含有机质，日光充足之地均可。少病虫害，对空气污染抗病力强，萌芽力极强，可强度修剪，故可以剪成锥形或各种动物造型，极为美观。

景观特征

地被金黄色，色彩鲜明。枝干分枝力强，可修剪成圆形、方形或各种动物造型，相当美观。新萌发的嫩叶，日照越强，金黄色越明显。

园林应用

做地被、绿篱或庭园配置均可，热带地区应用广泛，形式多样。

黄榕地被景观

黄榕地被景观

黄榕地被景观

夹竹桃

别名：红花夹竹桃、柳叶桃、洋桃
科属名：夹竹桃科夹竹桃属
学名：*Nerium indicum*

夹竹桃花色 ▷

形态特征

常绿大灌木，高达5m。枝条灰绿色，含水液。叶披针形，顶端急尖，基部楔形，叶缘反卷，叶面深绿色，叶背浅绿色；叶柄内具腺体。聚伞花序顶生，着花数朵；花芳香，红色；花冠深红色或粉红色，漏斗状。花期6~8月，果期9~10月。叶色、花色均丰富，栽培品种多，有白花夹竹桃（cv. Leucanthum）、重瓣夹竹桃（cv. Plenum）、镶边夹竹桃（cv. Variegatum）等。

适应地区

我国各省区均有栽培，尤以长江以南各地为多。

生物特性

喜光，喜温暖、湿润气候，耐旱力强，忌涝。对土壤适应性强，以肥沃、湿润的中性土壤

镶边夹竹桃

火竹桃花色

夹竹桃地被景观

生长最佳。性强健，萌蘖性强，耐修剪。对二氧化硫、氯气等有害气体抗性较强。

繁殖栽培

可用扦插、压条繁殖。春、夏、秋季皆可育苗，剪取中熟枝条，每10~15cm为一段，插入湿润介质中，成活率极高。可粗放管理，通风不良易生病虫害。春至夏季为生育旺期，每1~2月施肥一次，每年早春应修剪一次。

景观特征

植株姿态潇洒，花色丰富而艳丽，花香袭人。其叶披针形，兼有竹之坚韧、桃之妖娆，且花期长，是非常优良的美化、绿化树种。

园林应用

幼小植株经过修剪可以做地被。适宜在水滨、湖畔、山麓、庭院、墙隅及篱边配植，也可在街头绿地、建筑物前以及路边配植。枝叶繁茂，四季常青，也是很好的背景树，在草坪中孤植效果特佳。耐烟尘、抗污染，是工矿区绿化的良好树种。

红桑

别名：铁苋菜
科属名：大戟科铁苋菜属
学名：*Acalypha wilkesiana*

形态特征

常绿灌木，高可达5m，一般多为1m。枝条丛密，冠形饱满，可修整为圆球形、长椭圆形或矮化铺地为半圆形。叶形如桑叶，叶色层出不穷，绿色至青铜色，其间有粉红色、玫瑰红、乳白色或乳黄色，有时叶缘具粗锯齿。夏、秋季开花，花多为红铜色，穗状花序。园艺品种较多，有叶面带彩条的条纹红桑，叶面布斑点的斑叶红桑，叶面具红、绿、褐等色的彩叶红桑，绿叶边缘红的彩边红桑等多种，均美丽妖娆。

适应地区

热带和亚热带地区广为应用，我国华南地区多有栽培。

生物特性

为较典型的热带树种，喜高温、多湿，抗寒力低，不耐霜冻。当气温10℃以下时，叶片即有轻度寒害，遇长期6~8℃低温，植株严重受害。对土壤水肥条件要求较高，水肥充足，枝密叶大，冠形饱满；在干旱、贫瘠的土壤中生长不良。

繁殖栽培

花后难结成种子，多用扦插法育苗。于3月下旬至4月下旬，选用一年生的健壮枝条，截成每10cm长的一段做插穗，约20天可发根、发叶，1个半月可移植至圃地培育。苗高约10cm时摘除顶芽，促使早日萌发成丛冠形。施钙、镁、磷肥拌腐熟饼肥做基肥，以后视叶片生长情况喷施稀薄氮肥水，秋后停止施肥。注意防寒，及时修剪，可长年供观赏。

红桑地被景观

景观特征

叶色独特，色彩多样，古朴凝重，端庄典雅，深受人们喜爱。在绿色世界中，红桑以常年红叶成景，红绿相间，为园林添彩。

园林应用

地被建植于阳光充足的场地，叶色更鲜艳。也适于做花坛中的镶边、图案布景及路旁彩篱、建筑物基础种植，或大丛种植于庭园，景色也颇别致。小丛植株常盆栽供阳台、门前、街道中心等处陈列。

红桑的花序 ▷

红桑地被景观

红桑地被景观

红桑地被景观

红桑地被景观

红桑地被景观

金露花

别名：金叶假连翘
科属名：马鞭草科假连翘属
学名：*Duranta repens* cv. Dwarf Yellow

金露花花序 ▷

形态特征

常绿灌木或小乔木，高 1~3m。枝下垂或平展，中部以上有粗刺，茎 4 棱，绿色至灰褐色。叶对生，卵状椭圆形或倒卵形，长 2~6cm，纸质，黄绿色。总状花序排列成松散圆锥状，顶生；花小且通常着生在中轴的一侧，高脚碟状；花冠蓝紫色或白色。核果肉质，卵形，金黄色，成串包在萼片内，有光泽。花期 5~10 月。金露花、矮金露花叶色翠绿，黄金露花叶色金黄、花色淡蓝或淡紫，也有白花品种。此外，还有斑叶金露花、蕾丝金露花。

适应地区

我国南方地区广泛栽培，北方地区多为盆栽。

生物特性

喜温暖、阳光充足、凉爽通风的环境。耐热、耐旱、耐瘠，喜多肥。生长适温为 18~28℃，越冬温度须在 5℃以上。一般土壤可以生长好。萌发力强，耐修剪，易移植，生长快，天气暖和可终年开花。

金露花地被景观

繁殖栽培

一般以播种和扦插繁殖为主。播种繁殖，在冬季果实变黄后，把种子洗净晾干即可。经 2~3 周后发芽，待有 2 对真叶时移在花盆中栽培。老枝、嫩枝均可做插穗，插于砂质壤土中，保持约 80% 的湿度，很易生根，成活率高。小苗生长不匀称或枝条过长，可及时摘心或修剪来调节，加强水肥管理，促使植物多开花。地被管理粗放，自然式或修剪造型均可。

金露花果实

景观特征

叶黄色，地被质地细腻，景观效果良好，是华南地区常用的地被景观植物。枝条细柔伸展，花蓝紫清雅，且终年开花不断，入秋果实金黄，着生于下垂花序处，长如串串金珠，逗人喜爱，是极佳的观叶、观花、观果植物。

园林应用

金露花以观叶为主，用途极广泛，可建植于阳光充足的地区，也可做大型盆栽、花槽、绿篱，若拼成图案或强调色彩配置，极为耀眼醒目。

金露花地被景观

金露花地被景观

金露花地被景观

金露花地被景观

金露花地被景观

雀舌黄杨

别名：匙叶黄杨
科属名：黄杨科黄杨属
学名：*Buxus harlandii*

形态特征

常绿小灌木。分枝多而密集成丛，小枝纤细并具 4 棱，无毛。叶对生，革质，倒披针形至狭倒卵形，长 2~4cm，宽 5~10mm，顶端圆或微缺，基部狭楔形，边全缘。穗状花序长约 6mm，生于枝顶或叶腋，花均无花瓣；雄花萼片 4 枚，雄蕊 4 枚；雌花萼片 6 枚，2 轮，子房 3 室，花柱 3 枚。蒴果球状，连宿存的角状花柱长 8~10mm。花期 4~6 月，果期 8~9 月。

适应地区

原产于中国。全国各地均有应用。

生物特性

喜温暖、湿润和阳光充足的环境，较耐寒，耐干旱和半阴。要求疏松、肥沃和排水良好的沙壤土。

繁殖栽培

营养繁殖和种子繁殖皆可，主要用扦插和压条繁殖。扦插于梅雨季节进行最好，选取嫩枝做插穗，长 10~12cm，插后 40~50 天生根。压条于 3~4 月进行，用二年生的枝条压入土中，翌年春季与母株分离移栽。移植前，地栽应先施足基肥，生长期保持土壤湿润。每月施肥一次，并修剪使树姿保持一定高度和形式。

雀舌黄杨地被景观

景观特征

枝条紧密，细叶繁茂，叶形别致，四季常青，地被质地细腻。

园林应用

除做地被外，常用于绿篱、花坛和盆栽，修剪成各种形状，点缀于小庭院和入口处，是观叶造景的好材料。

✻ 园林造景功能相近的植物 ✻

中文名	学名	形态特征	园林应用	适应地区
黄杨	*Buxus sinica*	灌木或小乔木。树皮有规则剥裂；茎枝有 4 棱，小枝和冬芽的外鳞有短毛。叶椭圆形	同雀舌黄杨	全国各地

黄杨的果 ▷

雀舌黄杨地被景观

黄杨的花

黄杨地被景观

金丝桃

别名：金丝莲、金丝海棠、狗胡花、金线蝴蝶
科属名：金丝桃科金丝桃属
学名：*Hypericum monogymum*

形态特征

灌木，高 0.5~1.3m。丛状或通常有疏生的开张枝条。茎红色。叶对生，无柄或具短柄；叶片倒披针形或椭圆形至长圆形，先端锐尖至圆形，边缘平坦，坚纸质，上面绿色，下面淡绿色。花序具花 1~15 朵，自茎端第一节生出，疏松的近伞房状；苞片小，线状披针形，早落。花瓣金黄色至柠檬黄色，无红晕，开张，三角状倒卵形；雄蕊 5 束，与花瓣几等长。蒴果。种子深红褐色，圆柱形。花期 5~8 月，果期 8~9 月。本种变异很大，根据叶形、花序以及萼片大小的变异可分为 4 个类型，分别是柳叶形、钝叶形、宽萼形和卵叶形。

金丝桃地被景观

适应地区

原产于中国，全国各地广泛栽培。

金丝桃地被景观

金丝桃 ▷

金丝桃花期景观

金丝桃地被景观

生物特性

易生长，耐阴，也较喜欢阳光。比较喜欢黏土，具有耐旱、耐寒、耐贫瘠土壤的优良特点。多生于荒坡、灌丛、林缘或沟谷旁。喜温暖，忌高温，生育适温为 15~25℃。

繁殖栽培

可用播种、扦插、高压或分株法繁殖，春、秋季为适期。播种宜在 3 月下旬至 4 月上旬进行，地温保持 17~20℃，约 10 天可出苗。分株法可在春、秋季进行，将母株挖出，顺势分株，穴栽，栽后浇水，极易成活。管理粗放。栽后只需松土、浇水、除杂草即可。

冬季需避风，否则叶片易枯焦。花后应修剪一次。有蚜虫危害嫩枝和嫩叶，注意防治。

景观特征

枝柔而披散，叶绿而清秀，花色鲜黄，雄蕊散露，灿若金丝，是南方庭园中常见的观赏花木。

园林应用

适合庭植或大型盆栽，可植于假山石旁、庭院角隅、门庭两旁或花坛、花台处。在园林中也可大片群植于树丛周围或山坡林缘，构成林下深厚、丰满的景观。同时还可做花篱。

✱ 园林造景功能相近的植物 ✱

中文名	学名	形态特征	园林应用	适应地区
金丝梅	*Hypericum patulum*	小枝拱曲，有 2 棱。叶卵状长椭圆形或广披针形，有极短叶柄，表面绿色，背面淡粉绿色。花金黄色	同金丝桃	同金丝桃
狭叶金丝桃	*H. acmosepelum*	枝顶端叶为披针形，枝基部的为倒披针形。花深黄色	同金丝桃	原产于中国西南部，现各地广泛栽培应用

翅荚决明

科属名：苏木科决明属
学名：*Cassia alata*

翅荚决明的花序▷

形态特征

常绿灌木。老枝灰色，幼枝绿色。偶数羽状复叶长 30~50cm，小叶 6~12 对，倒卵状长圆形，叶柄、叶轴有狭翅。每个侧枝顶部形成花序，花序梗长，花为黄色。荚果圆柱形。在华南地区，花期 9~12 月，10 月为盛花期。

适应地区

我国华南地区有栽培种植。

生物特性

生长势强。喜光，较耐旱。喜温暖、湿润气候。适合在各类土壤中栽植。在微酸、中性乃至偏碱土壤条件下均能良好生长。少见病虫害。

繁殖栽培

播种、扦插法繁殖。播种采用密播移栽法，3 月播种，4 月底前后芽苗移栽。扦插可在春、夏季进行。速生，对肥水有一定要求。苗床以及定植栽苗要施足基肥，在生长季节每月追施一次复合肥以促进生长发育。夏季高温时要及时灌溉。枝条长，生长快，做地被每年应作强修剪，控制高度。

景观特征

园林绿化可丛植、片植于庭院、林缘、路旁、湖缘，其金黄之花给人以愉悦、亮丽、壮观之美。

翅荚决明地被景观

双荚决明地被景观

园林应用

做地被、花灌木配置于庭园或道路隔离带均可，是管理方便的优良园林植物，又是夏、秋枯花季节表现出色块亮丽的一种花灌木，适合在华南地区广泛种植。

＊园林造景功能相近的植物＊

中文名	学名	形态特征	园林应用	适应地区
双荚决明	*Cassia bicapsularis*	灌木。偶数羽状复叶，小叶 2~4 对，长圆形。顶生总状花序，花朵直径 4cm，花为金黄色。荚果条状	做地被或庭院装饰	长江流域及以南地区

蓝雪花

别名：蓝花丹、蓝茉莉
科属名：蓝雪花科白花丹属
学名：*Plumbago auriculata*

蓝雪花的花序 ▷

形态特征

常绿灌木，高约 1m 或更高。叶薄，通常菱状卵形，先端骤尖而有小短尖，罕钝或微凹，基部楔形，向下渐狭成柄。穗状花序，总花梗短，穗轴与总花梗及其下方 1~2 节的茎上密被灰白色至淡黄褐色的短茸毛；花冠淡蓝色至蓝白色。花期 6~9 月和 12 月至翌年 4 月。品种较少，常见的有雪花丹（*Plumbago auriculata* f. *abla*），花冠呈白色。

适应地区

我国华南、华东、西南地区和北京常有栽培，并已广泛被世界各国引种作为观赏植物。

生物特性

喜温暖，不耐寒冷，在华东其他温带地区作温室花卉栽培。喜阳光，对阴蔽有一定的耐受性，不宜在烈日下曝晒。要求湿润的环境，干燥对其生长不利，土壤要求排水畅通。

繁殖栽培

繁殖以扦插为主，以春、夏季为适期。栽培土质以富含有机质的砂质壤土为宜，排水需良好，光照需充分。春、夏季生长季节每周施肥一次，冬季减少浇水量，最低温度应保持在 7℃以上，使其不受冻害。生长期间常有线虫病危害根部，产生瘤块，还易遭介壳虫危害，应加以防范。

蓝雪花地被景观

蓝雪花地被景观局部

景观特征

株形较美观，花色为少有的淡蓝色，并且又可在夏季开放，给人以清凉、爽快的感觉，是一种备受人们喜爱的夏季花卉，单株或小丛栽培观赏价值均高。

园林应用

除做地被外，也适用于庭园美化或园林小道两旁缘栽，尤其是布置夏季花坛极为合适。还可做盆花，陈设在室内或室外的花架上，也可扎成屏风支架，以增加雅趣。

六月雪

别名：碎叶冬青、喷雪、满天星、白马骨
科属名：茜草科六月雪属
学名：*Serissa japonica* (syn. *S. foetida*)

形态特征

常绿或半常绿矮生小灌木。枝条较密，幼枝上具多而密的白色皮孔，有微毛，揉之有臭味，老枝褐色并具有明显皱纹。叶对生或簇生，长椭圆形或长椭圆披针状，全缘。花白色带红晕或淡粉紫色，单生或多朵簇生，花冠漏斗状。果大，长心形或近圆形。种子大，椭圆，充实。花期5~6月。品种有金边六月雪（cv. Variegata），叶缘具金边；红花六月雪（cv. Rubescens），花粉红色；斑叶粉六月雪（cv. Varigeata Pink），叶缘具金边，花粉红色。

适应地区

主要分布在我国江苏、浙江、江西、广东、台湾等东南及中部各地。

生物特性

为亚热带树种，喜温暖、湿润的气候。适宜疏松、肥沃、排水良好的土壤，中性及微酸性尤宜。萌芽力、分蘖力较强，故耐修剪，也易造型。

繁殖栽培

繁殖以扦插为主，也可分株和压条。分株宜在春季进行，扦插应选取一年至二年生枝条做插穗，在20℃条件下约30天即可生根，易成活。病虫害较少，偶有蚜虫为害，可用氧化乐果1500倍液喷雾杀灭。自然式地被不作修剪，造型式地被应经常修剪，剪除徒长枝。

景观特征

六月开花，雅洁可爱，朵朵白花恰似绿毯缀上片片白雪，故名"六月雪"。其枝叶密集细弱，地被质地细腻，观赏效果良好。

园林应用

适合庭植，做低篱、地被或盆栽。枝叶细嫩，质感佳，以观叶为主，可修剪成各种形状，也为良好的盆景材料。

六月雪枝条

六月雪地被景观

金边六月雪花序 ▷

中文名	学名	形态特征	园林应用	适应地区
白马骨	*Serissa serissoides*	常绿灌木,多分枝。叶对生,长 1~3cm。花白色	同六月雪	同六月雪

金边六月雪枝条

金边六月雪地被景观

白马骨枝条

白马骨地被景观

龙船花

别名：百日红、山丹、仙丹花
科属名：茜草科龙船花属
学名：*Ixora chinensis*

形态特征

多年生常绿灌木或小乔木，高 1~2.5m。分枝多，茎绿色至深褐色。叶对生，具叶间托叶，倒卵形至矩圆状披针形，长 6~13cm，革质，有光泽，腹面深绿色，背面黄绿色，全缘。花序聚伞形，着生于枝条顶端，每个分枝有花 4~5 朵，呈球状，小花 50~70 朵，高脚碟形花；花冠筒约长 3cm，花冠裂片 4 枚，圆钝，花冠红色或朱红色，花色主要有白、粉红、橙红、黄、红和朱红色。果圆形，紫黑色。花期长，6~10 月；果期 9 月至翌年 3 月。

适应地区

龙船花属主产于亚洲热带和非洲，少数产于美洲。原产于中国、马来西亚。

生物特性

喜高温、高湿、光照充足的气候，生长适温为 23~32℃。栽培地点宜选择冬季温暖的避风处，较耐阴蔽，畏寒冷。喜土层深厚、富含腐殖质且疏松、排水良好的酸性壤土。

繁殖栽培

一般采用播种或扦插法繁殖，在生产上以扦插为主。选在高温、高湿的夏季进行，用绿枝扦插，长 8~10cm，基质疏松即可，但要保持 90% 以上的湿度，需遮阴，约 1 个月生根成活，3 个月后即可移植。如移植野生苗，可于 1~2 月进行，用腐熟的牛粪做基肥。是典型的热带花卉，栽培时必须注意给予全光照，施足有机肥。其枝条直生性强，耐强修剪，通过修剪可形成理想、优美的树冠。但是，龙船花是靠新枝梢开花的，过度的修剪

龙船花地被景观

不利于开花，可在每年早春修剪一次。如植株已老化，可施以强剪，春暖后枝叶发育更旺盛。春、夏、秋季为生育、开花期，每月追肥 1~2 次，如发现叶黄时，可施矾肥水。

景观特征

株形优美，花色红艳，且花期长久，是良好的观花地被。

园林应用

性强健，花期长，生长慢，不必修剪或通过修剪控制高度作为地被使用，属低维护性的优良灌木，矮生种类还是地被的好材料。也适用于大型盆栽、花槽、绿篱和庭院绿化。

龙船花果 ▷

中文名	学名	形态特征	园林应用	适应地区
红龙船花	*Ixora coccinea*	植株低矮。叶小，椭圆形。花色红，夏、秋季开花	同龙船花	同龙船花
矮仙丹	*I. westii* cv. Sunkist	植株矮小。叶较小，长圆形。花橙红，花序茂盛	同龙船花	同龙船花
大王龙船花	*I. duffii* cv. Super King	叶长椭圆形。花红色，花序大	同龙船花	同龙船花

大王龙船花

矮仙丹龙船花地被景观

红龙船花地被景观

小蜡树

别名：山指甲
科属名：木犀科女贞属
学名：*Ligustrum sinense*

形态特征

常绿灌木，高 1~3m。小枝淡棕色，圆柱形，密被微柔毛，后脱落。叶片薄革质，变异较大，披针形、长圆状椭圆形、椭圆形、倒卵状长圆形，先端钝或微凹，基部狭楔形至楔形，叶缘反卷，上面深绿色，下面淡绿色，叶面光滑，背面有毛；叶柄无毛或被微柔毛。圆锥花序顶生，近圆柱形；花白色，芳香，具花梗，花冠裂片长于花冠筒，裂片反卷；雄蕊伸出裂片外。花期 5~7 月，果期 8~11 月。园林中应用的品种有花叶小蜡树（cv. Variegatum）。

小蜡树果

适应地区

原产于中国，各地均有分布和园林应用。

生物特性

喜光，稍耐阴。喜温暖、湿润气候，较耐寒。对二氧化硫、氯气、氟化氢、氯化氢、二氧化碳等有害气体抗性较强。对土壤要求不严，在湿润、肥沃的微酸性土壤中生长快速，中性、微碱性土壤也能适应。性强健，萌芽、萌枝力强，耐修剪。

花叶小蜡树

景观特征

终年常绿，苍翠可爱，花为白色，盛开时满树雪白，清丽而壮观。其树冠整洁，自然分枝茂密，观赏价值较高。

繁殖栽培

可用播种、扦插或高压的方法繁殖，春、秋季为适期。可剪未着花的中熟强健枝条，每段长 10~15cm，扦插于砂床中，经 4~5 周可发根。高压法成活率也较高。栽培土质以富含有机质的砂质壤土为佳，排水良好，全日照或半日照均理想。生长期每 2~3 个月追肥一次，花期过后应修剪一次，可使树冠整齐美观，植株老化应实施强剪，以促其枝叶新生。

园林应用

除做地被外，因其适应性强、生长快速、耐修剪，宜作绿篱、绿墙配植，有阴蔽、遮挡的作用。在草坪边缘、建筑物周围、街旁绿地孤植、列植为阴庇树也甚相宜，还可作行道配植。因其对二氧化硫、氯气、氟化氢等有害气体有一定抗性，还具有一定的滞尘抗烟的功能，故也可植于污染源周围和产生灰尘的厂矿区，作为绿化树种。

小蜡树花序 ▷

* 园林造景功能相近的植物 *

中文名	学名	形态特征	园林应用	适应地区
卵叶女贞	*Ligustrum ovalifolium*	落叶或半常绿直立灌木。花色乳白，有香气。常见栽培变种有金叶卵叶女贞（cv. Aurea）、银白卵叶女贞（cv. Argenteum）	同小蜡树	我国各地均可栽培
水蜡树	*L. obtusifolium*	落叶或半常绿灌木。枝开展，呈拱形。叶被有毛。花序下垂	同小蜡树	产于我国华东、华中地区
金叶女贞	*Ligustrum × vicaryi*	半常绿。小枝光滑。新枝叶鲜黄色	同小蜡树	国外引进，适应长江流域及其以北地区
日本女贞	*L. japonicum*	常绿灌木，枝叶紧凑。夏末秋初开花	同小蜡树	适应长江流域及其以北地区

小蜡树地被景观

花叶小蜡树地被景观

金叶女贞

金叶卵叶女贞

银白卵叶女贞

金叶女贞地被景观

金叶女贞地被景

金叶女贞地被景

美蕊花

别名：红绒球、朱樱花
科属名：含羞草科朱樱花属
学名：*Calliandra haematocephala*

美蕊花 ▷

形态特征

常绿灌木。羽状复叶由2片1回羽状的羽片组成，小羽片7~9片时，偶数，披针形，偏斜。头状花序大，腋生，小花多数20~40朵，花冠小，淡紫色；雄蕊多数，放射状伸展，鲜红色，雄蕊构成了头状花序红绒球状的景观。花期春至秋季，果期10~11月。

适应地区

我国华南地区广泛栽培。

生物特性

耐干旱，也耐水湿，露地栽培不用浇灌。耐半阴、耐暑热，不耐寒，在北回归线以南地区均可安全越冬。对土壤要求不严，从砂质土到黏重土均能良好生长。

美蕊花地被景观

美蕊花地被景观

美蕊花地被景观

繁殖栽培

播种或扦插繁殖，在春季进行，在温暖地区秋季也可。在苗期可追施2~3次氮肥，主要促进小苗快速生长，其余生长时期可不追肥。

景观特征

以地被深绿色、幼叶褐红色为特色，花序红色如绒球，极富观赏性。地被可修剪成为平整类型，或保持不修剪的自然式。

园林应用

幼株修剪可以形成地被，也宜植于公园、假山旁或水边，也可盆栽观赏。

十大功劳

别名：黄天竹
科属名：小檗科十大功劳属
学名：*Mahonia fortunei*

十大功劳花序 ▷

形态特征

常绿灌木，高达2m。奇数羽状复叶互生，小叶5~9片，革质，狭披针形，边缘有刺状齿。总状花序直立，4~8朵花簇生；花小，黄色，萼片9枚，花瓣6枚。浆果蓝黑色，被白粉。花期7~8月。

适应地区

原产于我国长江流域，各地多栽培。

生物特性

喜生于低山阔叶林下，半阴性，喜温暖、湿润气候和肥沃的土壤。

繁殖栽培

播种、扦插繁殖均可。2~3月进行硬枝扦插，梅雨季节嫩枝扦插，插后要及时庇阴，适量浇水。夏季扦插可采用全光照喷雾育苗。注意不可植于强光曝晒处，应选半阴地栽植。

景观特征

叶色深绿，叶形奇异，黄花成簇，做地被时质地粗糙、自然。

园林应用

常布置于半阴的环境做地被。是庭院花境、花篱的好材料，可点缀于假山上或岩隙、溪边，也可丛植、孤植、盆栽观赏。

十大功劳地被景观

阔叶十大功劳地被景

* 园林造景功能相近的植物 *

中文名	学名	形态特征	园林应用	适应地区
阔叶十大功劳	*Mahonia bealei*	叶革质，宽大而厚，叶面深绿色，有光泽，边缘两侧各有4~6个坚硬尖齿。花具香气	同十大功劳	同十大功劳

希茉莉

别名：醉娇花、西美莉
科属名：茜草科长隔木属
学名：*Hamelia patens*

希茉莉花 ▷

形态特征

多年生常绿灌木。叶绿色，春季幼株新叶及冬季老叶呈褐红色；叶片长披针形，4 片轮生于茎上，具叶间托叶。花序顶生，为聚伞形圆锥花序，管状花长 2.5cm，橘红色。正常花期为 5~10 月，温度适宜时，可全年开花。

适应地区

我国华南地区广泛栽培。

生物特性

生长快，耐修剪、易移植。喜高温、高湿、阳光充足的气候，不耐寒，冬季温度最好保持在 8℃以上。对土壤要求不严，但以排水性、保水性良好的微酸性肥沃砂质壤土为佳，在长期积水的土壤中生长不良。

繁殖栽培

以扦插繁殖为主，在南方全年均可进行。插穗宜选用半木质化的枝条，长 10~15cm，基质可用河沙或泥炭土等。适应性强，管理粗放。每年的春初或秋末可重剪，以促发新梢，有利于开花。生长季可追施 2~3 次磷钾复合肥，以恢复树势。

景观特征

枝叶青翠，花姿轻盈，适合做大型花槽、绿篱。可于庭院、校园或公园里单植、列植、丛植、群植美化。幼株新叶呈红褐色，可强调色彩。

园林应用

在草坪独立栽植，清丽美观；公园列植成绿篱，具有阴蔽、阻隔作用；于公园列植，兼

希茉莉地被景观

希茉莉地被景观

希茉莉地被景观

具美化、划分空间及引导行进方向的功能；庭石周围以幼株低剪，美化效果佳。

红果仔

别名：红占果、番樱桃、毕当茄
科属名：桃金娘科番樱桃属
学名：*Eugenia uniflora*

红果仔果 ▷

形态特征

常绿灌木，高 80~150cm。树皮灰白色，光滑，节和节间分明。叶对生，质薄、光亮，卵圆形，嫩芽、嫩叶红色，春季开花，花白色。果红色，圆球形似灯笼，内有种子 1~2 颗。

适应地区

适宜我国广东、广西、福建、海南、台湾、香港、澳门等地露地栽培应用。

生物特性

喜光，略耐半阴，喜温暖气候。喜疏松、深厚、肥沃的土壤和湿润而又排水好的生长环境。

繁殖栽培

可用扦插、圈枝或播种育苗，生产上用播种的方法，最简单方便。果熟后及时采摘，剥去果皮，洗干净后，直接播于育苗袋或育苗床中，半个月即出苗，非常快捷。地被绿化可用大型袋苗，按每平方米 9~16 株的密度种植。种后修剪整齐。红果仔是一个粗生快长的树种，管理方便，适当加强肥水管理，有利于生长。

红果仔地被景观

红果仔地被景

红果仔幼枝

景观特征

分枝多而且密，地被紧密，长势中等，修剪后能保持较长时间。幼叶春发时效果最好，每年春夏间果熟时，植株上如挂着一个个红灯笼，非常漂亮。

园林应用

地被可建植于阳光充足或半阴的环境，也常单株种植或丛植，可修剪造型，也可作盆栽观赏或修剪成盆景。

小驳骨丹

别名：小驳骨、接骨草、尖尾凤
科属名：爵床科驳骨草属
学名：*Gendarussa vulgaris*

斑叶尖尾凤 ▷

形态特征

多年生草本或亚灌木，直立、无毛，高约1m。茎圆柱形，节膨大，枝数多，对生，嫩枝常深紫色。叶纸质，狭披针形至披针状线形，顶端渐尖，基部渐狭，全缘；上部的叶有时近无柄。穗状花序顶生，下部间断，上部花密；苞片对生，比萼长；花冠白色或粉红色，二唇形。蒴果无毛。花期春季。该类植物品种少，栽培品种有斑叶尖尾凤（*Gendarussa vulgaris* cv. *Silverystrip*）。

小驳骨丹地被景观

适应地区

原产于我国南部和西南部，现南方地区常用做园林植物。

生物特性

性坚韧，生命力强，对生长条件要求不高，不拘土质，但以肥沃的砂质壤土最佳，排水需良好。抗性较强，耐热，耐高温，较耐旱，喜阳光，又有一定的耐阴性。生育适温为20~28℃。耐修剪，冬季是休眠期，根茎能顺利越冬。

繁殖栽培

扦插繁殖，春季至秋季为适期。扦插时要选无虫无病、生长健壮的枝条做插穗，每条插穗至少带2~3个节，剪去下部叶，插于苗床中，也可直接插入栽培地。每年应修剪1~3次。同时注意防虫、防病，在病害发生期，及时修剪病枝叶并加强肥水管理。

景观特征

适宜做城市道路两旁的灌丛绿化树种，叶片绿中带黄，各枝叶密而不显拥挤，多但绝不互相重叠，叶披针形，姿态挺拔向上，向四周尽情开展，喻积极向上之意，视觉效果极佳，是优良的观叶植物之一。

园林应用

萌芽力强，枝叶繁茂，易于修剪成形，做地被具有很好的绿化效果。因其洁净清爽，为庭园绿化栽培、城市道路丛植、列植以及花坛、草坪缘植和绿篱的上等材料。也可盆栽，用来装饰阳台或美化室内，也相当不错。

✽ 园林造景功能相近的植物 ✽

中文名	学名	形态特征	园林应用	适应地区
黑叶小驳骨	*Gendarussa ventricosa*	叶椭圆形或倒卵形，长10~17cm。花序顶生，苞片长1~1.5cm，覆瓦状重叠。蒴果被柔毛	同小驳骨丹	同小驳骨丹

小檗

别名：日本小檗
科属名：小檗科小檗属
学名：Berberis thunbergii

形态特征

落叶灌木，高约2.5m。多分枝，小枝黄色或紫红色，翌年变为紫褐色，具短针刺，刺不分枝。单叶互生，菱状倒卵形或匙状矩圆形，全缘，先端钝，叶面暗绿色，叶背灰绿色，有白粉。腋生花序伞形或近簇生，有花2~10朵，花黄色。浆果长椭圆形，成熟时鲜红色。花期4~5月。品种繁多，国内常见的有紫叶小檗（cv. Atropurpurea）、矮紫叶小檗（cv. Atropurpurea-Nana）、金叶小檗（cv. Aurea）、金边小檗（cv. Marginanta）等。

适应地区

我国温带、亚热带地区广泛栽培应用。

生物特性

为落叶灌木，适应性较强。喜光，也稍耐阴，紫叶、金叶者须栽于阳光充足处。喜温暖、湿润的环境，也耐旱，耐寒，耐修剪。对土壤要求不严，但于肥沃而排水良好的砂质壤土生长最好。

繁殖栽培

用播种或扦插法繁殖。可秋播或层积至翌年春播。扦插于夏、秋季进行，生根容易。苗木移植于春、秋季进行，整形修剪宜在春季萌芽前进行。

紫叶小檗果

紫叶小檗

景观特征

分枝密，姿态圆整，春开黄花，秋结红果，深秋叶色紫红，果实经冬不落，是花、果、叶俱佳的观赏花木。

园林应用

地被建植于阳光充足的草坪或林缘，绿叶品种在疏林下能适应，也宜园林中孤植、丛植或栽做绿篱。

✽园林造景功能相近的植物✽

中文名	学名	形态特征	园林应用	适应地区
豪猪刺	*Berberis julianae*	叶披针形或长椭圆形，边缘具锯齿。果成熟时黑紫色	同小檗	同小檗

小檗 ▷

紫叶小檗地被景观

金叶小檗地被景观

金边小檗

豪猪刺小檗

金边小檗地被景观

粉花绣线菊

别名：日本绣线菊
科属名：蔷薇科绣线菊属
学名：*Spiraea japonica*

粉花绣
线菊

形态特征

灌木，高达1.5m。枝条圆柱形，开展，褐色。叶互生，披针形至卵状长圆形。伞形花序有多花；花两性，萼筒钟状；花瓣粉红色；复伞房花序有花10~25朵，花白色。果稍张开。品种多，国内常见做地被利用的有金山绣线菊（cv. Gold Mound）、金焰绣线菊（cv. Goldflame）两个品种。

适应地区

分布于北半球温带至亚热带地区。

生物特性

喜光，喜温暖、湿润气候，在肥沃的土壤上生长旺盛。耐寒，耐旱，耐瘠薄。

金焰绣线菊地被景观

金山绣线菊地被景观

金山绣线菊

金焰绣线菊

繁殖栽培

播种、扦插或分株法繁殖，实生苗易患立枯病，播前应该对土壤和种子进行消毒，出苗后及时喷药防治。

景观特征

春季开花，花序密集如绣球状，繁花似锦。彩叶品种景观效果更好。

园林应用

地被布置于阳光充足的环境，也可在花坛、花境、草坪等处丛植、孤植或列植。

野牡丹类

科属名：野牡丹科野牡丹属
学名：*Melastoma* spp.

巴西野牡丹花 ▷

形态特征

灌木。茎四棱形或近圆形，通常被毛或鳞片状糙伏毛。叶对生，基出脉明显，全缘；具叶柄。花单生或组成圆锥花序顶生或生于分枝顶端，5基数；花萼坛状球形，花瓣5枚，淡红色至紫红色，通常为倒卵形，常偏斜。蒴果卵形。全世界约有100种，可做地被的有野牡丹（*M. candidum*）、百花野牡丹（*M. candidum* var. *albiflorum*）、狭叶野牡丹（*M. malabathricum*）、地菍（*M. dodecandrum*）、巴西野牡丹（*Tibouchina semidecandraw*）等。

适应地区

我国分布于长江流域以南各省区。

生物特性

生性强健，喜充足阳光，不甚耐阴。耐旱，耐高温，喜温暖、湿润气候，生长适温为20~30℃。对土壤要求不高，在土壤贫瘠的山坡、公路两旁生长良好，但以有机质丰富的疏松壤土为佳。

野牡丹地被景观

繁殖栽培

用播种、扦插法繁殖。于春季进行，播种土以酸性土混砂较好。播种苗生长较慢，3年生苗可定植。扦插时剪长10~15cm的中熟枝条，去掉枝条下部的叶，斜插于湿润的介质中，经20~30天后生根。经常保持土壤湿润，有利于生长旺盛。每年施2~3次无机复合肥或有机肥。

景观特征

多为常绿小灌木，叶四季常青，叶形、花形尤为漂亮、美观。许多种类是乡土植物，环境适应力强，景观野趣浓。

园林应用

既可作观花用，又可作观叶用，是非常好的园林地被植物，可丛植，也可条植、孤植。条植于人行道两侧、公路两旁，可当绿篱，也可做花篱。孤植可呈星点植于草坪中，既独特又清新。还可做大型盆栽，是园林应用中非常有潜力的植物。

巴西野牡丹地被景观

圆柏

别名：桧柏、刺柏
科属名：柏科圆柏属
学名：*Sabina chinensis*

形态特征

常绿乔木，高达 30m。幼树树冠呈尖塔形或圆锥形，老树多呈广圆形或钟形。树皮灰褐色至红褐色，浅纵裂，呈长条状剥离。叶有 2 型，幼树多为刺叶，常 3 片交互轮生，披针形，长 6~12mm，先端尖；鳞叶小，棱状卵形，多见于老树，长 1.5~2.5mm，先端钝，交互对生，贴枝直伸，排列紧密。壮龄树多兼有刺叶与鳞叶。雌雄异株，稀为同株。球果近球形，肉质，直径 6~8mm，熟时暗褐色，被白粉，不开裂。栽培历史悠久，品种丰富多彩，约 100 个。作为地被的常见品种有龙柏（cv. Kaizuca），小枝上伸，枝条全部密生鳞片状叶，翠绿色；匍匐龙柏（cv. Kaizuca Procumbens），由龙柏侧枝扦插而成，无主干；偃柏（var. *sargentii*），匍匐灌木，小枝密集上伸，鳞叶、刺叶均有。

适应地区

我国各地庭园普遍栽培。

生物特性

喜光，较耐阴，喜温暖，耐高温，耐寒。在酸性、中性及石灰质土壤均能生长，较耐干旱，雨季能耐短期水涝。对二氧化硫、氟化氢、氯气等多种有害气体污染有一定的抗性和吸收能力。深根性，侧根也发达，萌芽力强，耐修剪。

繁殖栽培

可用播种、扦插或高压法繁殖，但以扦插和高压法为主。秋末至早春为适期。扦插的插穗先使用发根剂进行处理，斜插于砂床中，经 2~4 个月能发根，待根群生长旺盛后，再行假植肥培。地被建植时，小苗宜密植，20cm×30cm 株行距，成活后应加强修剪。生育期间每 2~3 个月追肥一次。幼株需水较多，加强水分管理。

偃柏地被景观

景观特征

生性强健，枝叶碧绿青翠，四季常青，喻意志节清高。做地被显得青翠、平整、细腻。

园林应用

地被建植于阳光充足的环境，布置草坪及树丛边缘、道路分车带和步行道两侧以及花坛。

偃柏 ▷

圆柏地被景观

龙柏地被景观

龙柏地被景观

月季

别名：月月红、月月花
科属名：蔷薇科蔷薇属
学名：*Rosa hybrida*

形态特征

直立灌木，高 1~2m。小枝粗壮，圆柱形，近无毛，有粗短的钩状皮刺。小叶 3~5 片，稀 7 片，宽卵圆形至卵状长圆形，边缘有锐齿。花数朵集生，稀单生，花瓣重瓣至半重瓣，红色、粉红色至白色，倒卵形。果卵球形或梨形，红色。花期 4~9 月，果期 6~11 月。品种繁多，主要分为 6 个大类群，分别是香水月季、丰花月季、壮花月季、微型月季、藤本月季和灌木月季，每个大类群又包含着许多的品种。作为地被的月季常选丰花月季型品种。

月季地被景观

适应地区

我国各个地区均普遍栽培。

生物特性

喜日照充足、排水良好、能避风的环境，不耐高温，大多数品种生长适温白昼为 15~26℃、晚上为 10~15℃。土壤酸碱度以 pH 值为 6~7 为宜，喜肥，有连续开花的特性。

繁殖栽培

以扦插、嫁接繁殖法为主。扦插多在春季 15℃以上或初夏、早秋进行，嫁接时间南方为 12 月至翌年 2 月，北方在春季叶芽萌动以前。每 1~2 月施肥一次，花谢后剪除残花及开花的枝条，可萌发新枝再开花，秋季应强剪一次老化的植株。对于耐寒不强的月季，在冬季最低温度低于 -15℃的地方，需要轻度防护。

景观特征

因其娇好的花容、绚丽的色彩、宜人的芳香、连续的开花习性，且具有优美的树姿而被广泛应用，是良好的观花灌木地被。

园林应用

用于园林布置范围极其广泛，除做地被外，还可作花坛、花带、庭院绿化美化。

月季地被景观

栀子

别名：黄枝、山栀、黄栀子、玉荷花
科属名：茜草科栀子属
学名：*Gardenia jasminoides*

白蝉 ▷

形态特征

常绿灌木。枝丛生，干灰色，小枝绿色。叶大，对生或 3 叶轮生，有短柄，革质，倒卵形或矩圆状倒卵形，先端渐尖，色深绿，有光泽；叶间托叶鞘状。花单生于枝顶，有短梗，大型，花冠白花，具浓郁芳香。果黄色。花期 3~8 月，果期 9~11 月。常见的品种有白蝉（var. *fortuniana*），花重瓣；雀舌栀子（var. *radicans*），又名水栀子、雀舌栀子，植株矮生平卧，叶小狭长，花重瓣；狭叶栀子（var. *angustifolia*）。

雀舌栀子地被景观

适应地区

产于长江流域，我国中部及中南部都有分布。

生物特性

喜温暖、湿润的环境，不甚耐寒。喜光，耐半阴，但怕曝晒。喜肥沃、排水良好的酸性土壤，在碱性土栽植易黄化。萌芽力、萌蘖力均强，耐修剪，更新快。

狭叶栀子地被景观

繁殖栽培

繁殖以扦插、压条为主，南方暖地常于 3~10 月插扦，北方则常 5~6 月间扦插。水插法远胜于土插，成活率接近 100%，4~7 月进行为宜。其是叶肥花大的常绿灌木，萌芽力强，为保持地被质地细致，应加强修剪，如任其自然生长，往往枝叶交错重叠，瘦弱紊乱，失去观赏价值。因而，适时整修是一项不可忽视的工作。

景观特征

叶色亮绿，四季常青，花大洁白，芳香馥郁，是园林中常用的绿化、美化、香化植物。

园林应用

终年常绿，且开花芬芳浓郁，是深受大众喜爱、花叶俱佳的观赏树种，可用于庭园、池畔、阶前、路旁丛植或孤植，也可在绿地组成色块。开花时，望之如积雪，香闻数里，人行其间，芬芳扑鼻，效果尤佳。也可做花篱栽培。

铁海棠

别名：虎刺梅、麟麟刺
科属名：大戟科大戟属
学名：*Euphorbia millii*

形态特征

直立或攀援状灌木。肉质茎具长而尖硬刺。叶倒卵形，互生，全缘或波状，少而冬落。茎叶具乳汁，有微毒。聚伞花序 2 个，生于枝顶，排成具长柄的二歧状复聚伞花序，花有 2 片圆形翼状苞片，呈鲜红或橘红色，长期不落。该种下具有多个变种和杂交品种，如大叶铁海棠（var. *splemdens*），叶较大，长6~15cm；黄苞铁海棠（var. *tananarivae*），总苞片黄色；白苞铁海棠（var. *alba*），总苞片白色；大麟麟（cv. Keysii），杂交品种，茎肥大直立，叶大而常绿，花序多，花可达16 朵。

铁海棠地被景观

适应地区

我国广东、广西、云南等省区均有栽培。

生物特性

不耐积水，能抵受干旱的环境，喜全日照或半日照均好，日照条件好则开花多。喜高温，最佳生长温度为 25~35℃。

大麟麟地被景观

繁殖栽培

扦插繁殖为主，春季为宜。温暖地区生长季节均可扦插，扦穗应晾干乳汁或用草木灰处理乳汁。保持场地土壤干燥，控制水分，夏季可适当加强水分管理。

景观特征

以少叶具刺为特征，有刚劲严厉的气质，花鲜艳持久，景观效果与众不同。

园林应用

地被常布置于阳光充足、排水良好的环境，也是深受人们欢迎的盆栽植物。

✳ 园林造景功能相近的植物 ✳

中文名	学名	形态特征	园林应用	适应地区
金刚纂	*Euphorbia neriifolia*	灌木，植株较高。茎叶肥后多乳汁，老茎无叶，具棱，棱上具刺 1 对	同铁海棠	同铁海棠

铁海棠花 ▷

铁海棠地被景观

金刚纂地被景观

铁海棠地被景观

细叶萼距花

别名：红丁香、满天星、细叶雪茄花
科属名：千屈菜科萼距花属
学名：*Cuphea hyssopifolia*

形态特征

多年生草本植物，高约 30cm。亚灌木状，全株纤细，矮小，茎由基部丛生，无明显主干。单叶对生，叶长 2~3cm，宽 0.3~0.5cm，叶形有披针形、椭圆形、长卵形，叶端锐，叶基钝，叶全缘，正背面平滑，纸质叶；有叶柄，无托叶。花单生于叶腋，花瓣 5 枚；花冠紫红或桃红色，也有白花品种，冠端有紫褐及白色斑点；花小型，但数量极多，几乎整年开花，盛开时全株布满繁星般小花。双生子种子。园艺品种多，有白细雪茄花（*Cuphea hyssopifolia* cv. Alba）、金叶雪茄花（*C. hyssopifolia* cv. Golden Leaves）。

适应地区

我国长江流域及其以南地区栽培应用。

生物特性

喜阳光，耐寒，耐热，耐湿，稍耐阴。

繁殖栽培

以播种、插枝法繁殖。播种宜在春季为主，也能自播繁殖。栽培基质要求肥沃、疏松、排水好。管理比较粗放，定植后注意保持土壤湿润。枝叶过多时，可进行修剪。

景观特征

全年开花，枝叶繁茂丛生，叶、花都极小，适合大面积绿化、美化。

园林应用

除做地被外，也可做绿篱或花坛栽植，盆栽供造景和家庭观赏。

细叶萼距花地被景观

白细雪茄花 ▷

细叶萼距花地被景观

细叶萼距花地被景观

白细雪茄花景观

中文名	学名	形态特征	园林应用	适应地区
紫萼距花 (紫雪茄花)	*Cuphea articulata*	与细叶萼距花不同在于叶较大，长卵形或椭圆形，花顶生或腋生，花冠紫红色	同细叶萼距花	同细叶萼距花

紫萼距花地被景观

紫萼距花地被景观

紫萼距花地被景观

紫金牛

科属名：紫金牛科紫金牛属
学名：*Ardisia japonica*

花叶紫金牛▷

形态特征

小灌木或亚灌木。近蔓生，具匍匐生根的根茎，直立茎长达 30cm，不分枝，幼时被细微柔毛，以后无毛。叶对生或近轮生，叶片坚纸质或近革质，椭圆形至椭圆状倒卵形，顶端急尖，基部楔形，边缘具细锯齿，多少具腺点。伞形花序，腋生或生于近茎顶端的叶腋，有花 3~5 朵，花瓣粉红色或白色，具密腺点；雄蕊较花瓣略短。果球形，鲜红色转黑色，多少具腺点。花期 5~6 月，果期 11~12 月。品种较多，著名的为花叶紫金牛（*Ardisia japonica* cv. Marginata），叶面银灰绿色，边缘有乳白色或乳黄色斑纹，以观叶为主。

适应地区

产于我国陕西及长江流域以南各省区，常见于海拔 1200m 以下的山间林下或竹林下等阴湿的地方。

生物特性

喜温暖，不耐寒冷，耐半阴，喜较阴蔽的环境，忌高温和干燥，夏季需充足的水分和通

紫金牛地被景观

风、凉爽的环境，冬季需要干燥的环境条件和充足的阳光，生长适温为 15~25℃。盆栽土壤以腐叶土、泥炭和砂的混合土壤为佳。

繁殖栽培

繁殖可用播种、分株、扦插或高压法，一般在春、秋季进行，栽培场地排水需良好，宜选半日照，忌长期强光直射。常保持湿润，空气湿度高，有利植株生长。施肥每 2~3 个月一次，磷、钾肥需略多，能促开花结果。

景观特征

株形美观，叶色为银灰绿色，熟果红艳美观，为观果类之上品，单株或群栽栽培观赏价值较高。

园林应用

适合庭园阴蔽地美化，也可于公园、小游园、林木园的林下栽植，或点缀于岩石园的山石中或山石两旁，以添自然景色。也可单株盆栽，放于家居或办公场合。

紫金牛果枝

马缨丹

别名：五色梅、七变花、五龙兰、广叶美人樱
科属名：马鞭草科马缨丹属
学名：*Lantana camara*

形态特征

多年生常绿蔓性灌木。全株有粗毛，茎叶有特殊气味，枝条有短刺。叶对生，宽卵形，先端尖，钝锯齿缘，叶面粗糙，通常有短而下弯的细刺和柔毛，叶卵形或心脏形，对生，边缘有小锯齿。头状花序呈伞房状，腋出，有黄、橙红、白、粉红、浅紫等色，每一朵花都能变色，花姿美丽。核果球形，成串着生，成熟时蓝黑色。全年都能开花，以春末到秋季最盛。园艺栽培品种有 20 个以上，主要品种有黄花马缨丹（cv. Flava）、橙红马缨丹（var. *mista*）。

马缨丹的花和果

适应地区

我国广东、海南、福建、台湾、广西等地有栽培，且已逸为野生。

生物特性

阳性植物，日照需充足。适应性强，耐干旱、瘠薄，在疏松、肥沃、排水良好的沙壤土中生长较好。喜温暖，生育温度为 20~32℃，冬季低温下生长缓慢，呈半休眠状态。

黄花马缨丹

繁殖栽培

用播种或扦插法繁殖。扦插多用嫩枝扦插，春季为佳。浇水以夏季 1~2 天一次、春、秋季 3~5 天一次为宜，冬天宜少浇水。每次花期后应稍加修剪并补充肥料，以促进枝叶茂盛，多开花。

景观特征

在东南亚的温暖地区，因其茎叶含强烈的气味而被视为杂草，但它花色丰富多彩，开花整年不绝，还具有吸引蝴蝶的奇效。

园林应用

做观花地被，常栽植于路旁、斜坡。具有耐修剪的特性，可制作成树桩盆景，花、果相映衬，别具一格。是优良的观花灌木，花期长，花色丰富，适宜在园林绿地中种植，也可植为花篱，北方地区则以盆栽观赏为主。

马缨丹花 ▷

黄花马缨丹地被景观

橙红马缨丹地被景观

黄花马缨丹地被景观

芙蓉菊

别名：香菊、玉芙蓉、千年艾
科属名：菊科芙蓉菊属
学名：*Crossostephium chinense*

芙蓉菊株丛 ▷

形态特征

半灌木，上部多分枝，密被灰色短柔毛。叶
聚生于枝顶，狭匙形或狭倒披针形，顶端钝，
基部渐狭，两面密被灰色短柔毛，质地厚。
头状花序生于枝端叶腋，排成有叶的总状花
序。瘦果矩圆形。花、果期全年。

适应地区

原产于我国台湾。我国广东、广西、海南、
福建有栽培。

生物特性

喜温暖、湿润气候，喜充足阳光，不耐阴。
土质以有机质丰富的疏松壤土为佳。本种植
物具有耐热、耐旱、耐大风、耐碱的特性，
不耐水渍。由于不耐寒冷，华东地区及北方
各省区只能盆栽，温室越冬。

繁殖栽培

可用播种、压条或扦插法繁殖，春、秋季为
适期。通常以播种为主，在 4~5 月进行，选

芙蓉菊地被景观

健壮、无病虫害的种子播于湿润的介质中，
大约 2 周后可发芽。较耐粗放管理，日照需
充足。每月略施复合液肥。每年衰老后均需
强剪，若有开花立即剪除，可抑制老化死亡。
幼苗期间注意肥水管理，病虫害少，不需特
别护理。

景观特征

叶色特殊，叶白如银，点缀于五颜六色的鲜
花丛中，尤显素雅和与众不同，是少数白叶
植物之一，观赏价值高。做地被，在炎炎夏
日下给人一种朦胧的美感，幽远而清香。

园林应用

是很好的观叶植物，在园林中应用广泛。可
用于花坛中间衬托花带和文字，也可种植于
行道两旁，还可盆栽，是一种颇受喜爱的地
被和园林植物。

芙蓉菊地被景观

山茶

别名：茶花、山茶花、南山茶、雪茶
科属名：山茶科山茶属
学名：*Camellia japonica*

山茶花 ▷

形态特征

常绿阔叶灌木或小乔木。小枝呈绿色或绿紫色至紫褐色。叶片革质，互生，椭圆形、长椭圆形，叶面有光泽。花两性，常单生或2~3朵着生于枝梢顶端或叶腋间；花单瓣，花瓣5~7枚，色大红。品种繁多，地被品种宜选择分枝强、抗性好的品种。

适应地区

原产于我国，现全球各地都有栽培。

生物特性

喜温暖、湿润的环境。怕高温，忌烈日，生长适温为18~25℃，12℃以上开始萌芽，30℃以上则停止生长。其耐寒品种能短时间耐-10℃，一般品种耐-3~-4℃。山茶花属半阴性植物，宜在散射光下生长，忌直射光曝晒，幼苗需遮阴。

山茶地被景观

繁殖栽培

扦插繁殖，以6月中旬和8月底左右最为适宜。扦插时使用0.4%~0.5%吲哚丁酸溶液浸蘸插条基部2~5秒，有明显促进生根的效果。嫁接繁殖，常用于扦插生根困难或繁殖材料少的品种，砧木以油茶为主。压条繁殖，梅雨季节选用健壮的1年生枝条，离顶端20cm处进行环状剥皮，宽1cm，用腐叶土缚上后包以塑料薄膜，约60天后生根，剪下可直接盆栽，成活率高。地被建植时，土壤中用有机肥做基肥。春、秋季修剪，促进侧枝发生。

景观特征

地被以叶片光亮、幼叶褐红色为特色，同时具有花、叶共赏的特性。

园林应用

有耐阴特性，地被可配置于疏林边缘、疏林下，也可作庭院绿化、盆栽观赏。

山茶地被景观

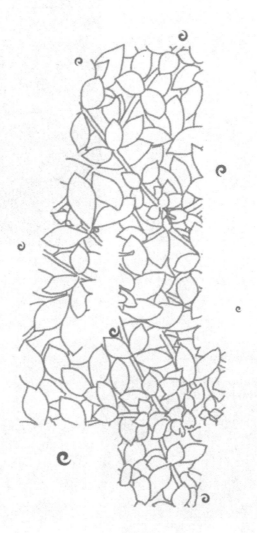

第四章 ◇ 藤本及攀援地被植物造景

 造景功能

蔓藤类植物具有常绿蔓生性、攀援性及耐阴性强的特点，常见的有常春藤、扶芳藤、爬山虎、络石、金银花等。

垂盆草

别名：三叶佛家草、爬景天、龙鳞草、柔枝景天
科属名：景天科景天属
学名：*Sedum sarmentosum*

形态特征

多年生草本。不育枝，花茎细，匍匐，节上生根，直到花序之下，长 10~25cm。3 叶轮生，叶倒披针形或长圆形，长 1.5~2.8cm，基部骤窄，有距。聚伞花序，有 3~5 个分枝，花少，径 5~6cm；花无梗；萼片 5 枚，披针形或长圆形，基部无距；花瓣 5 枚，黄色，披针形或长圆形，先端短尖；雄蕊 10 枚，较花瓣短；鳞片 10 片，楔状四方形，先端稍有微缺；心皮 5 枚，分离，长圆形，略叉开，花柱长。种子卵圆形。花期 5~7 月，果期 8 月。品种少，栽培种有大叶垂盆草（*Sedum sarmentosum* f. *major*），南方常见的栽培品种有绿景天（cv. Lujingtian）。

垂盆草地被景观

适应地区

原产于中国、日本及朝鲜半岛。应用于我国各地，现庭园中广泛栽培。

生物特性

四季常绿，叶肉质多汁，对土壤要求不严，以疏松、富含腐殖质的砂土为佳。耐寒，尤

垂盆草地被景观

垂盆草 ▷

其耐旱，而且耐瘠薄。喜半阴和湿润的环境，忌低洼积水。喜温暖，较耐高温，生长适温为 15~28℃。抗性强，长势强健。

繁殖栽培

可用扦插或分株法繁殖，一年四季都可进行，以春、夏、秋季最佳。扦插时，剪下长8~15cm 的茎枝，进行单插或 3~5 根一束扦插，可随剪随插，也可晾干浆汁后再插，插后浇透水，经常保持土壤湿润。分株法以茎节上带根为好，成活率高。管理简单，夏季避曝晒，勤施肥、浇水。忌长时间强阳光直射，冬季避风袭，需防寒。每月施薄肥一次，生长迅速，成活力强，抗病虫害性极强。性极耐旱，切忌排水不良。

景观特征

其叶郁绿葱翠，四季常青，叶质肥厚，色泽鲜嫩，在生长良好的环境下，晶莹亮泽，十分娇嫩可爱。在瘠薄环境下能茁壮生长，表现出顽强的生命力和坚强的品质。

园林应用

全株整齐美观，是较好的耐阴地被植物。因其不耐践踏，可做封闭式绿地的林下种植，也可用于模纹花坛配置图案和镶边。应用于

绿景天地被景观

绿景天地被景观

岩石园，堪称绝配，也可做吊盆观赏，还可做立体花坛的镶边材料。

园林造景功能相近的植物

中文名	学名	形态特征	园林应用	适应地区
禾叶景天	*Sedum grammophyllum*	叶线性至线状倒披针形，轮生，有微乳头状凸起。花序疏蝎尾状，花瓣先端有长的尖头	同垂盆草	原产于中国的广东、广西，现广泛栽培
白佛甲	*S. lineare cv. Variegatum*	叶轮生，线性，基部无柄，叶边缘白色。花序聚伞状，花瓣先端不具短尖头	同垂盆草	原产于中国、日本，现世界各地广泛栽培应用

常春藤

别名：洋常春藤、英国常春藤、洋爬山虎
科属名：五加科常春藤属
学名：*Hedera helix*

形态特征

多年生常绿藤本。茎枝柔嫩，茎节处常长气生根，成年茎呈半木质化。蔓梢部分呈螺旋状生长，能攀援在其他物体上。叶互生，革质，深绿色，有长柄，营养枝上的叶三角状卵形，花枝上的叶卵形至菱形。总状花序，小花球形，浅黄色。核果球形，黑色。品种有尖裂常春藤（cv. Pittsburg）、金容常春藤（cv. Schester）、斑叶常春藤（cv. Little Diamond）、彩叶常春藤（cv. Discolor）、金心常春藤（cv. Goldheart）、银边常春藤（cv. Silver-queen）。

常春藤

适应地区

原产于欧洲、亚洲和非洲温暖地区。

生物特性

耐寒力较强，冬季能耐 2~3℃低温，不耐高温酷暑，生长适温为 15~22℃，怕阳光曝晒。不耐旱，怕风侵袭，在干燥的空气中叶面会失去光泽，也常焦边。

景观特征

蔓枝密叶，是优美的攀援植物，叶形秀美，四季常青。

繁殖栽培

常用扦插法繁殖。剪取长 10~15cm 的茎蔓，保留先端 2~3 片叶片，将基部 2~3 节埋入土中，室温保持 13~18℃，遮阴并保湿，很快能发根。若茎蔓较长，可用压条法繁殖。生长较快，必须多次摘心，促使多分枝、多长枝蔓，及时覆盖地面。

园林应用

是理想的室内外壁面垂直绿化材料，又是极好的地被植物，适宜让其攀附在建筑物、围墙、陡坡、岩壁及树阴下地面等处。南方多地栽，北方多盆栽。

✱ 园林造景功能相近的植物 ✱

中文名	学名	形态特征	园林应用	适应地区
中华常春藤	*Hedera nepalensis* var. *sinensis*	嫩枝被鳞片状柔毛。核果黄色或红色	同常春藤	产于我国秦岭以南各地

尖裂常春藤 ▷

金容常春藤

斑叶常春藤

常春藤地被景观

常春藤地被景观

扶芳藤

别名：爬藤卫矛、爬藤黄杨
科属名：卫矛科卫矛属
学名：*Euonymus fortunei*

形态特征

常绿藤本。茎匍匐或攀援，枝密生小瘤状凸起皮孔，并能随处生出吸附根。叶对生，薄革质，椭圆形至椭圆状披针形，边缘有钝锯齿，叶面浓绿色，有光泽。5~6月开花，花淡黄色，成聚伞花序。蒴果近球形，成熟时淡黄紫色，10月果熟，果熟时开裂，显出红色假种皮。品种较多，常见的有十余种，我国引种少，常见的有斑叶扶芳藤（cv. Variegata）、金边扶芳藤（cv. Emerald Gold）。

适应地区

产于我国陕西、山西、河南、山东、安徽、江苏、浙江、江西、湖北、湖南、广西、云南等省区。

生物特性

耐阴，喜温暖，较耐寒。耐干旱，耐瘠薄，适应性强，对土壤的要求不高。

繁殖栽培

以扦插繁殖为主，成活率高，播种和压条也可。栽培管理较粗放，若要控制其枝条过长生长，可于6月或9月进行适当修剪。

扶芳藤地被景观

金边扶芳藤

景观特征

具有匍匐和攀援特性，可于地面覆盖和墙面石壁覆盖，地被质感疏松，较整齐，叶色深绿光亮，秋叶转红，季相明显。

园林应用

耐阴性好，适合做林下、林缘地被，入秋后叶色变红，冬季不凋。可依靠茎上发出繁密气生根攀附他物生长，也可用来点缀庭园粉墙、山岩、石壁，如在大树底下种植，古树青藤，更显自然野趣。

扶芳藤的果 ▷

扶芳藤地被景观

扶芳藤地被景观

扶芳藤地被景观

马蹄金

别名：金钱草、黄胆草
科属名：旋花科马蹄金属
学名：*Dichondra repens*

银色马蹄金 "银瀑" ▷

形态特征

多年生草本。茎细长，匍匐于地面，被灰色短柔毛，节上生不定根，节间长 1.5~3cm。叶互生，圆形或肾形，基部心形，鲜绿色，小，宽 1~1.5cm，叶全缘。花小，单生于叶腋，长 1.5mm，宽 1mm，钟状花冠黄色。蒴果近球形。常见品种为银瀑（cv. Silver Falls）。

适应地区

在我国主要分布于长江沿岸及其以南地区。

生物特性

喜温暖、湿润气候，适应性、扩展性强，不耐践踏。耐寒性差，但耐阴，抗旱性一般，适生于细致、偏酸、潮湿而肥力低的土壤，不耐碱。有匍匐茎，可以形成致密的草皮。适应性强，竞争力、生命力旺盛。建植后能依靠匍匐茎繁茂生长，在 -8℃的低温下能安全越冬，42℃的高温下可安全越夏。

繁殖栽培

种子、无性繁殖均可。播种量为10~15g/m²，播种前促进杂草生长并集中灭除，然后播种，并施用 5g/m² 的氮肥，每周保证 3 次。喜肥植物年需肥量 35~45g/m²。成坪慢，地被建植早期要注意杂草控制和水分管理。几乎全年不需要修剪，如果能适当修剪，会更漂亮。最佳留茬高度为 2~3.5cm。

马蹄金地被景观

景观特征

适合群植，容易形成大片的绿化景观，四季常青，给人清新凉快的感觉。

园林应用

玲珑低矮，茎叶匍匐地面生长。四季常青，耐阴、耐湿，又耐高温，平整，不必修剪，不耐践踏，适合营造大片园林绿地景观、美化庭院等。

❋园林造景功能相近的植物❋

中文名	学名	形态特征	园林应用	适应地区
银色马蹄金	*Dichondra argentea*	匍匐草质藤本，叶互生，灰白色	同马蹄金	同马蹄金

地瓜榕

别名：地石榴、地果
科属名：桑科榕属
学名：*Ficus tikoua*

地瓜榕 ▷

形态特征

匍匐木质藤本。茎上生细长的不定根，节膨大；幼枝偶有直立的，高达 30~40cm。叶坚纸质，倒卵状椭圆形，先端急尖，基部圆形至浅心形，边缘具波状疏浅圆锯齿。榕果成对或簇生于匍匐茎上，常埋于土中，球形至卵球形，成熟时深红色。瘦果卵球形，表面有瘤体。花期 5~6 月，果期约 7 月。

适应地区

产于我国长江流域及以南地区。

生物特性

喜阳光，但有较强的耐阴性。耐干旱，对土壤的适应性较强，在荒山、草坡、河边、岩石缝均有分布。叶坚纸质，耐践踏，对寒冷的耐受性较差，生长适温为 15~30℃。

繁殖栽培

播种繁殖。播种入土后，因种子不太大，上面覆盖的土层不应太厚，待发芽即可移栽。幼苗要求土壤较肥沃，移栽成活率高达 90%

地瓜榕地被景观

以上。可隔约 2 个月施复合肥一次，叶上较易形成虫瘿，需早做防治。

景观特征

木质藤本，茎匍匐于地上，曲折蜿蜒。叶坚纸质，青绿色，叶形美观。

园林应用

可种植于宅院墙壁、围墙、庭院入口处，是绿化岩石园的好材料，也可大片植于水边和林下。

地瓜榕地被景观

地瓜榕地被景观

合果芋

别名：白蝴蝶、剑叶芋、长柄合果芋
科属名：天南星科合果芋属
学名：*Syngonium podophyllum*

合果芋 ▷

形态特征

多年生草质藤本。茎上具较多气生根，可以攀附他物生长。叶互生，具长柄，幼叶为单叶、箭形或戟形，老叶呈5~9裂的掌状叶，初生叶淡绿色，成熟叶深绿色，叶脉及其周围黄白色。佛焰苞浅绿色。品种有白蝶合果芋（cv. White Butterfly）、粉蝶合果芋（cv. Pink Butterfly）、银叶合果芋（cv. Silver Knight）、箭头合果芋（cv. Albelineatum）、白纹合果芋（cv. Albo-virens）。园林中做地被的主要是白蝶合果芋。

适应地区

我国南方地区广泛栽培。

生物特性

起源于热带，喜高温、多湿的环境，15℃以下停止生长。北回归线以南地区可露地越冬。耐阴性强，喜散射光。

繁殖栽培

扦插繁殖。温度稳定在15℃以上时，用长10~15cm的顶芽做插穗，最容易成活而且

合果芋地被景观

长势快。生长期间浇水宁湿勿干，不积水，以免烂根。生长阶段应遮阴50%以上，同时注意控制施肥量，防止徒长，影响观赏效果。

景观特征

株形优美，叶形别致，色泽淡雅，清新亮泽，富有生机。覆盖率高，覆盖迅速，养护简便。

园林应用

在南方各省区栽培十分普遍，多用于室外半阴处作地被覆盖。除做地被以外，可用于悬挂作吊盆观赏，或设立支柱进行造型。

合果芋地被景观

合果芋地被景观

番薯

别名：甘薯
科属名：旋花科番薯属
学名：*Ipomoea batatas*

番薯 ▷

形态特征

多年生蔓性草本。具有膨大的块根。茎匍匐或悬垂生长，茎、叶具乳汁。叶为不规则心形或缺裂，叶面有绿色、紫红、乳白的斑纹。花紫色或白色，喇叭状。品种有紫叶番薯（cv. Tainon 63）等。

适应地区

我国各地广泛栽培，块根、茎、叶均可食用。

生物特性

适合高温环境种植，对环境具有高度适应的能力，抗逆性相当强。能耐高温、干旱，又能耐酸、耐瘠。生育适温为 20~28℃。

繁殖栽培

用扦插或者块根栽植，春至秋季均佳。肥沃的砂质壤土最佳，全日照、半日照均理想，阴暗处叶色淡化。施肥时提高氮肥比例，叶色较美观。每年春季修剪一次。

紫叶番薯地被景观

紫叶番薯

景观特征

彩色的叶片给人清新的感觉，叶色嫩绿，是良好的观叶、观花植物。

园林应用

良好的地被观叶植物，营造出田园景观。生性强健，不耐阴，可大量应用，也适合做盆栽、吊盆。

155

活血丹

别名：连线草、金钱草、马蹄草
科属名：唇形科活血丹属
学名：*Glechoma longituba*

形态特征

多年生匍匐草本。茎细长，质软，四棱形，有分枝，稍直立，有毛，节着地生根。叶对生，肾形至圆心形或长圆心形，两面有毛或近无毛，背面有腺点，边缘具粗钝牙齿。花序腋生，花萼筒状；花冠淡红紫色。花期 3~4 月，果期 4~5 月。

适应地区

我国西南、华东、华中地区应用。

生物特性

喜阴湿环境，在阳处也能生长，在疏松土壤中生长良好。有一定耐寒性，北方冬季略加覆盖能越冬。在南方直至秋季生长良好，茎叶层高维持 10~20cm。秋末开始有黄叶，生长减弱，茎叶减少，冬季宿存叶变成黄褐色。华南地区全年可绿。

繁殖栽培

播种、扦插、分株繁殖均可。扦插易成活，约 10 天就生根。由于节部及节间贴地生根很多，分株移栽很简便。管理容易，新建植地被前期生长慢，容易滋生杂草，应注意控制。

景观特征

植株造型美，花冠有幽静、清纯之感，且植株容易繁殖，覆盖效果好，耐寒、美观。

活血丹地被景观

日本活血丹

园林应用

宜在林下、池边、沟边等处成片做地被，尤其在阴湿的环境覆盖效果很好。本种野生，取材方便，栽种成本低，值得提倡应用。

❋ 园林造景功能相近的植物 ❋

中文名	学名	形态特征	园林应用	适应地区
日本活血丹	*Glechoma grandis*	草质藤本。叶对生，圆形，基部心形，边缘具钝齿。有花叶品种日本活血丹	同活血丹	野生于我国江苏、浙江、台湾等地

活血丹 ▷

花叶日本活血丹地被景观

活血丹地被景观

日本活血丹地被景观

络石

别名：白花藤、石龙藤、万字茉莉、墙络藤
科属名：夹竹桃科络石属
学名：*Trachelospermum jasminoides*

形态特征

常绿木质藤本，长达 10m，具乳汁。小枝被黄色柔毛，老时渐无毛。叶革质或近革质，椭圆形至卵状椭圆形或宽倒卵形，顶端锐尖至渐尖或钝，基部渐狭至钝，叶柄内和叶腋外腺体钻形。二歧聚伞花序腋生或顶生，花多朵，组成圆锥状，与叶等长或较长；花白色，芳香。果双生，叉开，无毛。花期 3~7 月，果期 7~12 月。主要品种有石血（var. *heterophyllum*）、斑叶络石（cv. Variegatum）等。

络石花序

适应地区

原产于我国长江流域及其以南各省区，现我国各地有栽培。

生物特性

生性强健，生长缓慢，萌蘖性强。耐旱、耐阴、耐贫瘠。喜温暖、湿润气候，耐寒性不强，生长适温为 20~30℃。对土壤要求不甚严格，在阴湿而排水良好的酸性、中性土壤生长强盛。抗海潮风，忌水涝。入冬叶转紫红色，增强御寒力。

络石植株

繁殖栽培

可用播种、扦插、压条法繁殖，春季为宜。扦插可选在 6 月中旬至 7 月上旬，选取当年生半木质化、生长健壮、腋芽饱满的带叶嫩枝，剪成长 10~15cm、具 3~4 个节的插穗，插入苗床，45 天后即可移栽。苗木移栽后 2 个月内，每周浇水一次，并注意除草及松土。病虫害较少，不需特别护理。

景观特征

藤蔓盘绕，虽"骨软"而志高；四季常青，花皓白如雪、芳香清幽，具有较强的吸附攀援能力和缠绕能力，集绿化、美化、香化于一身，是优良的地被植物。

园林应用

可攀附于假山、岩石，也可缠绕于乔木树干。可用于墙壁、岩面、假山、枯树作攀附绿化，也可用于花架、花柱、花廊、花亭作缠绕装饰，还可做林下或大树下的常青地被。盆栽用于室内装饰，也非常美观大方。

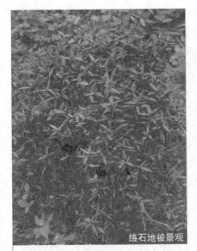

络石地被景观

络石地被景观

络石地被景观

✳ 园林造景功能相近的植物 ✳

中文名	学名	形态特征	园林应用	适应地区
亚洲络石	*Trachelospermum asiaticum*	叶对生，披针形或长椭圆形，先端急尖。花冠白色略带粉红。果长 10~20cm	同络石	原产于中国及亚洲东至东南部，现广泛栽培

蔓花生

别名：花生藤、花生草
科属名：蝶形花科蔓花生属
学名：*Arachis duranensis*

形态特征

革质蔓生藤本。匍匐生长，有明显的主根，长达 30cm，须根多，均有根瘤。复叶互生、小叶两对，晚上闭合，倒卵形，全缘。花腋生、花柄细长，高高伸出地被面，蝶形花密，金黄色，花色鲜艳，花量多。荚果长桃形，果壳薄，果实易分散。

适应地区

我国华南地区广泛应用。

生物特性

在全日照及半日照下均能生长良好，有较强的耐阴性。对土壤要求不严，但以砂质壤土为佳。生长适温为 18~32℃，有一定的耐旱及耐热性，对有害气体的抗性较强。

繁殖栽培

可用播种及扦插法繁殖，由于种子采收不易，现大量繁殖均采用扦插。扦插可于春、夏、秋季进行，一般选择雨季或阴天，以中段节

蔓花生地被景观

位做插条为佳，可促使其早生根，分枝也较多，返青之后再适当施肥促其生长。在做地被植物栽培时，栽培株行距以 25cm×30cm 为宜，在短期内就可形成致密的草坪。在草坪建植前每亩施入 1000~1500kg 腐熟有机肥，在生长期根据情况追肥。如果土壤较肥沃，长势良好，可不必施肥，或根据植株长势而定。一般追肥可选用磷、钾缓释性肥料，每亩施用 10~15kg。

景观特征

观赏性强，四季常青，且不易滋生杂草与病虫害，一般不用修剪，可有效节省人力及物力，是极有前途的优良地被植物。目前我国的台湾栽培较多，福建、广东近年也开始推广。

园林应用

可用于园林绿地、公路的隔离带做地被植物。根系发达，也可植于公路、边坡等地，防止水土流失。

蔓花生景观局部

蔓花生花 ▷

蔓花生地被景观

蔓花生地被景观

蔓长春

别名：缠绕长春花、长春蔓
科属名：夹竹桃科蔓长春花属
学名：*Vinca major*

形态特征

常绿蔓生半灌木。叶对生，心脏形，光滑浓
绿，革质较厚。枝叶繁茂，生长迅速。春末
夏初，蓝花朵朵，单生于开花枝的叶腋内。
花冠高脚碟状，蓝色，5 裂。品种有花叶蔓
长春（cv. Variegata），叶缘有乳白或乳黄
色镶嵌，叶色素雅美观。

适应地区

我国江苏、浙江和台湾等地有栽培。

生物特性

喜温暖，生长适温为 25~30℃，耐寒性强，
冬季低于 -10℃时叶尖会受冻枯焦。喜半阴，
在散射光充足的环境下生长迅速。有一定的
耐涝性，但忌湿涝，喜排水良好的土壤。

蔓长春地被景观

蔓长春地被景观

蔓长春地被景观

繁殖栽培

常用扦插和分株法繁殖，春、夏、秋季都可进行，容易成活。由于其生长快，生长期要充分浇水，以保证枝蔓速生快长及叶色浓绿光亮。

景观特征

全年除严寒外都能保持完好的色彩，春末夏初，在浓绿成片的叶丛中开出朵朵蓝花，显得十分幽雅。其枝蔓悬垂自然、疏密别致。

园林应用

适应性很强，生长快，栽培容易，是理想的地被植物，应用广泛。除可栽做地被外，还可盆栽、庭院绿化。

花叶蔓长春

花叶蔓长春地被景观

花叶蔓长春地被景观

三裂蟛蜞菊

别名：南美蟛蜞菊、蟛蜞菊、地锦花、穿地龙
科属名：菊科蟛蜞菊属
学名：*Wedelia trilobata*

形态特征

草质藤本状，长可达 1.8m 以上。节处容易发根，覆盖性良好，地被高度约 10cm。单叶对生，三叉掌状或三裂状披针形，叶缘具锯齿。头状花序腋生，具长柄，黄色、边花为舌状花，心花为管状花。果实是瘦果，倒卵形，常有骨质的翼。花期全年。

适应地区

我国南方地区广泛栽培。

生物特性

生性粗放，生长快速。为阳性植物，需强光。生育适温为 18~30℃。耐旱、耐湿、耐瘠。

繁殖栽培

主要以扦插法繁殖，方法是以枝茎为插穗，除寒冷季节外，其他时间均可繁殖。剪取枝条直接扦插于栽植地点即能成活，冬季长势稍弱。

三裂蟛蜞菊地被景观

景观特征

全年开花不断，是优良的地被植物，通常以观叶为主，观花为辅。茎叶如绿色垂帘，甚是美观。

园林应用

做盆栽、吊盆、花台、地被或坡堤绿化。高处凌空栽植呈悬垂性，尤其适合学校、花台或大厦窗台悬垂美化。

❋ 园林造景功能相近的植物 ❋

中文名	学名	形态特征	园林应用	适应地区
蟛蜞菊	*Wedelia chinensis*	为多肉质的常绿多年生草本植物。匍匐茎，节间易着生根，全株有毛。叶厚质，菱形近似卵形，无柄。黄花，单生于枝端，小菊形，花瓣 12 枚，花小而数多。花期 2~12 月，盛花期春、夏两季	匍匐性甚强，广泛利用为地被植物	同三裂蟛蜞菊

三裂蟛蜞菊花 ▷

三裂蟛蜞菊地被景观

三裂蟛蜞菊地被景观

三裂蟛蜞菊地被景观

穗序木蓝

别名：铺地木蓝
科属名：蝶形花科木蓝属
学名：*Indigofera spicata*

形态特征

多年生匍匐性草本植物，长 0.3~3m，少分枝。羽状复叶，小羽片 3~11 片，互生，倒披针形或倒卵形，被灰色"丁"字形毛，长 1~2cm，宽 4~7mm，先端圆形。总状花序腋生，长 4~6cm，花朵紫红色。果为线状荚果，下垂。花期 8 月至翌年 2 月。

适应地区

产于亚洲热带地区，我国北回归线以南地区利用。

生物特性

抗性强，群生性很强，常大片聚生，抢夺其他植物的生存空间。成片生长于草生地或荒野地上，喜欢有阳光的地方。

繁殖栽培

以播种繁殖为主，春、秋两季均可进行，也可扦插繁殖。生长旺盛，管理简便。幼苗定植后，前期注意杂草控制，加强肥水管理。

景观特征

花期长，花期夏至冬季，为良好的观花地被，自然平整，地被效果好。在环境比较干旱的场地，地被紧密低矮，在水分较好的场地，地被较高而疏松。

园林应用

可以做地被用，也可以用来点缀于石头旁，增加景观特色，与其他豆科植物一样野趣较足，可以用来丛植或片植于水边或沙石地中，增加趣味。

穗序木蓝地被景观

穗序木蓝地被景观

穗序木蓝地被景观

穗序木蓝地被景观

珍珠菜

别名：金钱叶珍珠菜
科属名：报春花科珍珠菜属
学名：*Lysimachia nummularia*

形态特征

多年生蔓性草本，常绿，植株低矮，高 4~
10cm。茎枝匍匐性或悬垂性，枝条可长达
50~60cm；节易生根。单叶对生，圆形，
基部心形，金黄色；光照不足转绿色，冬季
低温期部分叶片呈泛红色。6~7 月开花，单
花，顶生或腋生，花色鲜黄。品种有黄金串
钱草（cv. Aurea），叶色金黄。

适应地区

在我国上海、苏州、南京、重庆等地试种，
长势良好。

生物特性

喜光，耐阴，日照强烈则叶色金黄。喜高温，
耐寒性强，能露地越冬。较耐践踏，抗病能
力强，适宜种植在肥沃、湿润、排水性良好
的壤土中，最适宜 pH 值为 5.8~7.5。

繁殖栽培

主要为扦插繁殖。以春至秋季为宜，插穗不
宜选太嫩的枝尖，由于节易生根，扦插成活
率极高。春、夏季生长期施肥 2~3 次。耐寒
性强，冬季无需特别护理，但是高温且积水

珍珠菜

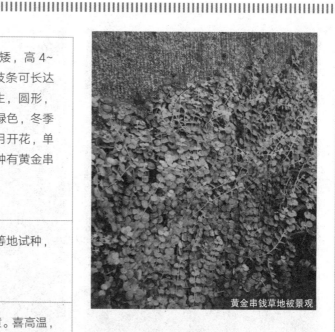

黄金串钱草地被景观

或水分过多易造成病害，因此，梅雨季节应
进行防病处理，其他期间病虫害少，不需特
别防治。

景观特征

本品是国外引进的优良彩叶植物，叶色明艳亮
丽，随季节变化而呈彩色，叶姿清爽，排列整
齐如一串串金钱，韵律十足。叶期可达 9 个
月，叶韵长留，是极有发展前途的地被植物。

园林应用

宜做地被，可大面积种植，也可植于假山边、
石径旁，或沿湖、沿溪种植，叶片灿烂金黄，
十分耀眼。也可和草坪及其他绿色地被相配，
由于其匍匐蔓延，做吊盆也十分赏心悦目，
同时也可水养于水缸，与金鱼共处一缸，生
机焕发。观叶期长，生长势强，病虫害少，
能有效防止二次扬尘，是非常优良的彩叶地
被植物。

珍珠菜 ▷

黄金串钱草地被景观

黄金串钱草地被景观

黄金串钱草地被景观

蔓马缨丹

别名：小叶马缨丹
科属名：马鞭草科马缨丹属
学名：*Lantana montevidensis*

形态特征

常绿匍匐灌木。茎四棱柱形。单叶对生，叶小，表面暗绿色，长圆形至披针形，边缘有粗锯齿。花小，颜色各异，组成稠密的穗状花序或头状花序，腋生或顶生；玫瑰花冠紫色。品种有白花蔓马缨丹（cv.Alba）。

适应地区

世界各地庭院有栽培，应用于我国南方各地庭院。

生物特性

生性强健，对干旱有较强的耐受性。抗贫瘠，对土质的选择范围广，但以富含有机质的砂质壤土生长最好。喜较高的温度，对寒冷的耐受性较差，生长适温为 20~32℃。在南方地区，由于年均温度较高，能四季开花。

蔓马缨丹地被景观

蔓马缨丹花

繁殖栽培

主要用扦插法繁殖，春、秋两季均能育苗。扦插时剪长 8~15cm 的中熟枝条，剪去下部叶，扦插于湿润介质中即可。还可用顶芽做插穗，均极易生根。耐粗放管理，花期每月应施肥一次。冬季至早春应整枝修剪，老化的枝条应施以重剪。病虫害少，无须特别护理。

景观特征

全年均能开花，以春末至秋季开花最盛。桃红色的小花聚集成花序，如繁星般点缀于绿叶之间，既醒目又美观，是一种良好的园林观赏植物，同时还是一种对水土有极好保护作用的地被植物。

园林应用

由于其具蔓生性，应用广泛，既可做地被植物大面积栽种于平地或坡地，又适合作围栏美化，还是吊盆栽培的好材料，是园林应用中最受欢迎的植物之一。

蔓马缨丹花 ▷

蔓马缨丹地被景观

蔓马缨丹地被景观

蔓马缨丹地被景观

蔓马缨丹地被景观

蔓马缨丹地被景观

蛇莓

别名：三匹风、蛇泡草
科属名：蔷薇科蛇莓属
学名：*Duchesnea indica*

蛇莓植株 ▷

形态特征

多年生草本。全株有柔毛；匍匐茎长。三出复叶，基生叶的叶柄长 6~10cm，茎生叶的叶柄长1~7cm；小叶片菱状卵形或倒卵形，两侧小叶片较小，基部偏斜，边缘有钝锯齿，两面散生柔毛或表面近于无毛；托叶卵状披针形，有时有缺刻状分裂。花黄色，单生于叶腋；花托近球形，黄色。覆以无数红色的小瘦果，并为宿萼所围绕。

适应地区

我国各地都有分布。

生物特性

喜温暖、湿润的环境，较耐阴，不耐涝，不择土壤，但在富含腐殖质、排水良好的土壤上生长良好。

繁殖栽培

大量培育小苗可用播种法繁殖。匍匐茎能长出新植株，分株繁殖十分容易。管理粗放。植株较矮小，地被建植前期，要注意杂草控制和水分管理。

蛇莓地被景观

蛇莓地被景观

蛇莓植株

景观特征

花单生于叶腋、黄色，花瓣矩圆形或倒卵形。瘦果矩圆状卵形，暗红色。花、果、叶均有观赏价值。

园林应用

园林中常做半阴环境的开花地被植物，也用于林缘、假山、岩石园栽植。该种植物在园林中以野生状态存在的情况为多，少量有人工地被建植。

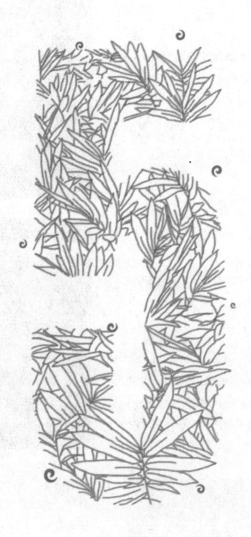

第五章

矮生竹类地被植物造景

造景功能

竹类中的箬竹，匍匐性强、叶大、耐阴；倭竹，枝叶细长、生长低矮，常用于作地被配置，别有一番风味。

菲白竹

科属名：禾本科莉竹属
学名：*Sasa fortunei*

形态特征

矮型丛生型竹，高 25~60cm。节间圆筒形，秆环平，每节分 1 枝，每小枝具叶 3~7 片。叶片披针形，上面有白色或淡黄色纵条纹，菲白竹即由此得名。夏初出笋。

适应地区

原产于日本，现我国华东地区多作露地栽培。各地园林广泛栽培或作盆景观赏。江苏、浙江引种栽培较普遍。

生物特性

喜温暖、湿润气候，好肥，较耐寒，忌烈日，宜半阴。喜肥沃、疏松、排水良好的砂质壤土。石缝中也能生长，地下茎为混生型。

繁殖栽培

繁殖主要采用分植母株的方法。在 2~3 月将成丛母株连地下茎带土移植，母株根系浅，有时带土有困难，应随挖随栽。栽后要浇透水并移至阴湿处养护一段时间。宜栽植于半阴处及土壤疏松、湿润之地，或在树下栽培。初栽时注意松土、除草、浇水、施肥等管理工作，使之生长茂密。

景观特征

枝叶秀美，叶片有黄白相间条纹，甚为悦目，是庭园中一种美丽的地被竹。

菲白竹叶片

菲白竹地被景观

园林应用

用作地表绿化、色块配置或盆栽观赏。在庭院中可做地被竹，布置于屋旁墙隅，也可植为矮篱，点缀山石。筑台植之，可制作山石盆景。

✳园林造景功能相近的植物✳

中文名	学名	形态特征	园林应用	适应地区
菲黄竹	*Sasa auricoma*	幼叶金黄，有绿色条纹，成熟后变绿色	同菲白竹	同菲白竹
翠竹	*S. pymaea*	植株矮小，叶密集，节上有毛	同菲白竹	同菲白竹

菲白竹花序 ▷

菲白竹地被景观

菲黄竹

菲黄竹地被景观

箬竹

别名：阔叶箬竹
科属名：禾本科箬竹属
学名：*Indocalamus latifolius*

形态特征

竹秆每节单生 1 条枝，秆高 1~1.5m，直径
0.5~0.7cm，中部节间长 10~20cm，微具
毛，节下有淡黄色粉质毛环。秆箨宿存，质
坚硬，短于节间，背面具棕色小刺毛，边缘
有纤毛；无箨耳，鞘口有短遂毛；箨舌截平，
有纤毛；箨叶细小，条状披针形。叶片大，
长 10~20cm 或更长，宽 2~3cm，背股灰
绿色，具微毛。秆可做笔杆、竹筷；叶可制
斗笠、船篷及粽叶等用。同属尚有几个种可
以作地被植物使用。

箬竹地被景观

适应地区

产于我国浙江、江苏、安徽、山东、湖南及
西南等地，多见于荒坡或林下。

生物特性

喜温暖，在光照充足、湿润的环境中生长良好。

箬竹地被景观

箬竹枝叶 ▷

＊园林造景功能相近的植物 ＊

中文名	学名	形态特征	园林应用	适应地区
鹅毛竹	*Shibataea chinensis*	株高 1~1.5m，株丛密集。叶色黄绿，顶端长渐尖	同箬竹	同箬竹

繁殖栽培

竹类植物多用分株或扦插法繁殖。箬竹在地下有长距离横向生长的竹鞭，并从鞭芽抽笋长竹，稀疏散生，又可以从秆茎芽眼萌发成笋，长出成丛的竹秆。也可用压条的方法来进行繁殖。因竹地下茎分布浅，除草后应同时培土，以便杂草腐烂，利于吸收。肥料不充分则竹秆生长不良，新绿也过早消失。为使庭园每年能生长许多健壮竹，应注意肥水管理，尤以有机肥为佳。竹类喜温暖、湿润，

笋更甚，在低洼地栽竹，雨季很容易被水淹，应及时排除积水，以免竹鞭根腐烂。

景观特征

植株常绿低矮，密集成丛，是良好的地被和庭园绿化材料。

园林应用

属矮小竹种，常作为地被和基础种植，还可制作盆景。

箬竹地被景观

鹅毛竹地被景观

其他地被植物简介

中文名	别名	学名	科名	形态特征	生物特征	园林应用	适应地区
天门冬	天冬草、玉竹	*Asparagus cochinchinensis*	百合科	常绿多年生攀援草本。全株光滑无毛。花小，下垂，白色或乳白色，呈钟状	不耐寒，较耐暑热。喜阳光，也较耐阴。耐干旱	阴生环境地被，用于花坛、盆栽	我国主产于长江以南地区
蜘蛛抱蛋	一叶兰	*Aspidistra elatior*	百合科	草本。叶片长椭圆形、椭圆状披针形，边缘波状，深绿色。钟状花初绿色，后紫褐色	喜冷凉、耐阴。不择土壤，但以排水良好、肥沃、湿润为好	适宜公共场所绿化布置，也适合庭院林下散植	原产于我国南部，现全国各地栽培
铃兰	君影草、草玉	*Convallaria majalis*	百合科	草本，矮小。具有多分枝的根。叶卵圆形，具光泽。花钟状，下垂，总状花序。浆果暗红色，有毒	喜凉爽、湿润及半阴的环境。耐严寒，忌炎热、干燥。喜肥沃、排水良好的砂质壤土。夏季休眠	十分理想的盆栽及花坛、花境、草坪用花，也可用于切花栽培及地被植物	原产于欧洲和日本
山菅兰	石兰花、桔梗兰	*Dianella ensifolia*	百合科	多年生草本。叶狭条形。顶生圆锥花序，分枝疏散。浆果近球形，深蓝色	喜高温、多湿，耐旱，耐湿。生育适温为 22~30℃	适合缘栽、盆栽或庭院美化	分布于亚太热带地区
尖尾铁苋		*Acalypha caturus*	大戟科	常绿灌木，高 1~3m。叶互生，心形。雌雄异株，雌花穗状下垂	生性强健粗壮。耐热、耐旱、耐瘠、耐碱，抗风	适于庭园栽植、大型盆栽或做绿篱	原产于亚洲热带
狗尾红		*A. hispida*	大戟科	常绿灌木，高 0.5~3m。叶卵圆形。穗状花序腋生，鲜红色，呈狗尾状	喜高温、怕寒冷，喜阳光充足和湿润的环境	温暖地区可在庭院种植	原产于亚洲热带
猩猩草	火苞草	*Euphorbia heterophylla*	大戟科	草本，高30~100cm。全株有白色汁液。叶互生，广披针形或琴形	适合在阳光充足或半日照以上的场所种植	可为盆栽、花坛种植	原产于北美洲
银边翠	高山积雪、象牙白	*E. marginata*	大戟科	草本。茎高 60~80cm，直立。分枝多，茎内具乳汁。叶边缘呈白色或全叶白色	喜肥沃而排水良好的砂质壤土。不耐寒，耐干旱	为良好的花坛背景材料，还可做插花配叶	适合我国各地种植

中文名	别名	学名	科名	形态特征	生物特征	园林应用	适应地区
羽扇豆	鲁冰花	*Lupinus polyphylla*	蝶形花科	多年生草本植物，高0.5~1.2m。掌状复叶，小叶倒披针形。总状花序顶生，蝶形花	喜阳光、排水良好。不耐严寒	叶形优美，花序硕大，花色丰富，是布置自然园林的好材料	原产于美国加利福尼亚
紫花苜蓿	紫苜蓿、苜蓿	*Medicago saiva*	蝶形花科	多年生草本植物。三出复叶。总状花序，花紫色。荚果螺旋形	喜温暖、半干旱气候。抗寒性强	做地被	广泛分布于东北、华北、西北地区
长春油麻藤	绵麻藤	*Mucuna sempervirens*	蝶形花科	常绿藤本，长达10m以上。三出复叶互生。总状花序常生于老茎上，花大而暗紫色	耐阴，喜温暖、湿润气候。忌水淹，土壤排水要好	庭院观赏，做垂直绿化植物	产于云南等地
龙须海棠	松叶菊、美丽日中花	*Mesembry-anthemum spectabilis*	番杏科	多年常绿肉质亚灌木。茎分枝多而上升，红褐色。叶对生，基部抱茎，肉质，3棱。单花腋生	喜温暖、干燥和阳光充足的环境。忌水涝，怕高温。不耐寒，耐干旱	可盆栽、吊盆栽植，也可用于室外花坛、花槽和坡地成片布置	原产于南非
新几内亚凤仙		*Impatiens hawkeri*	凤仙花科	多年生草本。茎肉质粗壮、多枝分枝。叶色深绿或铜绿色。花具长柄，花色多	喜温暖、湿润、半阴的环境。忌曝晒，不耐寒	适合日照不足的花坛栽培或盆栽	原产于新几内亚
蔓凤仙		*I. repens*	唇形科	草本，高3~6cm。茎节极短，易生根，红铜色。匍匐生长。叶互生。花冠黄色	喜温暖，忌高温、高湿	适合做地被、花坛和盆栽	全国各地
非洲凤仙	何氏凤仙	*I. walleriana*	凤仙花科	多年生草本。茎节间膨大，多分枝。叶卵形，边缘钝锯齿状。花腋生，花色丰富	喜温暖、湿润和阳光充足的环境。不耐高温	用于地被、花坛、栽植箱、吊盆和制作花球、花柱、花墙	原产于非洲东部热带地区
含羞草		*Mimosa pudica*	含羞草科	草本，高20~60cm。叶互生，2回羽状复叶。头状花序，花粉红色。植株被触摸后会收拢	耐旱，喜高温，生育适温为20~35℃	适合做地被或盆栽	原产于美洲热带

中文名	别名	学名	科名	形态特征	生物特征	园林应用	适应地区
翠竹草		*Pogonatherum cv. Monica*	禾本科	多年生草本，高15~30cm。丛生，呈半圆形。叶互生，披针形，全缘	喜高温、高湿，生长适温为20~30℃	适合庭院美化、盆栽或做地被	长江流域以南地区
倭竹（鹅毛竹）	鸡毛竹	*Shibataea chinensis*	禾本科	灌木，秆高0.6~1m，径0.2~0.3cm。节间长7~15cm，无毛。叶常1片，生于枝顶。笋期5月底至6月	喜阳光充足的环境	常在庭院中栽培做矮篱，或配置在假山边	江苏、浙江、江西、福建、安徽等地
香根草	岩兰草	*Vetiveria zizanioides*	禾本科	多年生草本。根系纵深发达，通常有2~3m，甚至高达5m。地上部分簇生成丛，茎秆坚硬	适应性强，生物量大，易种，方便管理	用做绿篱、地被、护坡	原产于我国南方和印度、巴西等热带、亚热带地区
孔雀沙姜		*K. pulchra*	姜科	草本，高10~20cm。丛生，根出叶。叶歪椭圆至卵形。花冠紫色，中心白色	耐阴，喜高温、高湿，生长适温为23~32℃	适于庭院荫蔽处美化或盆栽	原产于亚洲热带和缅甸
蓍草		*Achillea sibirica*	菊科	多年生草本，高60~90cm。茎直立。叶互生，无柄，裂片披针形。头状花序成伞房状。瘦果	喜阳光充足的环境，也耐半阴，耐寒性强	花坛、地被	原产于西伯利亚
银雾	线叶艾	*Artemisia schmidtiana*	菊科	草本，高8~15cm。全株密被银白色细茸毛。叶互生，羽状细裂。花冠黄色	喜温暖，忌高温、高湿，生长适温为15~25℃	适合庭院强调色彩美化或盆栽	全国各地
银叶艾	银叶菊、雪叶莲	*A. stellerana*	菊科	多年生草本，高40~70cm。全株具毛毡状白毛，具匍匐茎。叶灰绿白色。头状花黄色	喜温暖，忌高温、高湿	地被盆栽、花坛、花境	全国各地
大花金鸡菊		*Coreopsis grandiflora*	菊科	多年生宿根草本，高40cm。金黄色的半重瓣花，紧凑，花期长。根系发达	耐干旱、耐盐碱、耐贫瘠、耐低温	覆盖地面能力强，具有良好的视觉效果	特别适合在我国北方种植

中文名	别名	学名	科名	形态特征	生物特征	园林应用	适应地区
菊花脑	菊花叶、路边黄	*Dendranthema nankingense*	菊科	草本，高 25~100cm。叶互生，卵圆形或长卵圆形。花黄色，头状花序着生于枝端，各枝花序集成圆锥形	耐寒、怕热。为短日照植物	适合庭院栽植，也可做观花地被植物	华东、华中、华北等地区推广种植
千里光		*Senecio scandens*	菊科	多年生草本。茎攀援，长 1~5m。叶片卵状三角形或椭圆状披针形。瘦果	喜温暖、湿润环境，有一定的耐寒能力	做地被	全国各地
虾衣花		*Beloperone (Callispidia) guttata*	爵床科	小灌木，高 1~2m。全株被毛。叶卵形或椭圆形。穗状花序顶生，下垂；花白色、唇形，花形似虾	喜温暖、湿润，不耐寒。喜光，也较耐阴	常盆栽供室内观赏，也可布置花坛	我国各地有栽培
鸟尾花		*Crossandra infundibuliformis*	爵床科	小灌木，植株矮性。茎直立，多分枝。叶卵形至卵状披针形，浓密。穗状橙色或橙红色花朵长于顶端，穗状花冠	喜全日照充足的环境，忌过猛的直射阳光	盆花、花坛及大型容器栽培，风景园林和花园地栽	原产于非洲、亚洲热带
黄鸟尾花		*C. nilotica*	爵床科	小灌木。全株密被茸毛。叶披针形。花黄色	喜高温、高湿，不耐寒冷，不耐干旱	适宜丛植作庭院美化，布置花坛及盆栽摆设	原产于南非
黄苞花	黄花狐尾木、金苞虾衣花	*Pachystachys lutea*	爵床科	小灌木，盆栽株高 40~80cm。茎直立，多分枝。叶对生，长椭圆形。穗状花序顶生；苞片金黄色；花冠白色，筒状	喜温暖，不耐直射阳光，适温下可全年开花	在庭院中使用，宜配植做花坛，也可盆栽	我国南方省区有栽培
木地肤		*Kochia prostrata*	藜科	草本。茎多分枝而斜升，呈丛生状。叶于短枝上簇生。花生于叶腋，或于枝端组成复穗状花序	抗寒、抗旱，耐沙埋、耐盐碱	是轻盐碱地、沙地和荒漠地区重要的牧草和固沙植物	全国各地都适宜种植
地肤		*K. scoparia var. frichophylla*	藜科	草本，高 50~100cm。全草呈球形生长，外形如小型千头柏。叶形纤细、嫩绿，入秋泛红	喜阳光，抗干旱，不耐寒	优良的地被覆盖植物和重要的夏季花坛植物	遍及全国

中文名	别名	学名	科名	形态特征	生物特征	园林应用	适应地区
大黄蓼		*Polygonum aubertii*	蓼科	半灌木状藤本。叶互生或簇生，长圆状卵形。花序圆锥状，顶生，花小，白色	喜光，耐旱，耐瘠	做地被	产于陕西、甘肃
头花蓼		*P. capitatum*	蓼科	多年生草本，高10~15cm。叶先端急尖，绿色。花小，密集成头状花序，粉红色	喜光，耐半阴，耐寒，不择土壤	适宜做开花地被植物，也可布置于草地、林地边缘	全国各地
三叶木通		*Akebia trifoliata*	木通科	木质藤本。三出复叶，小叶卵圆形或长卵形。总状花序腋生，花冠褐红色。果长圆形。种子卵形，黑色	喜温暖、向阳的环境，生长适温为15~30℃	在园林中可用于篱垣、花架垂直绿化	主产于浙江等地
迎春		*Jasminum nudiflorum*	木犀科	落叶灌木，丛生，高0.4~0.5m。枝条细长。叶对生，卵形或长椭圆形。花单生，色黄，外染红晕	适应性强，喜温暖、湿润的环境，耐寒力强。喜光，稍耐阴，抗旱	既能地栽，也可盆养以观花、赏叶	我国北部和西南高山地区
蛇葡萄		*Ampelopsis brevipedunculata*	葡萄科	木质藤本，卷须分叉。枝细长。单叶互生，心形或宽倒卵形。花小，两性，聚伞花序与叶对生	生于山坡、路边、林缘或灌丛中	可用于篱垣及林边	分布于我国东北至华南各省区
异叶爬山虎		*Parthenocissus heterophylla* (*P. dalzielii*)	葡萄科	落叶灌木，植株无毛。营养枝上单叶为心卵形。聚伞花序。果熟时紫黑色	耐寒、耐旱，也耐高温。喜阴，也耐阳光直射	在建筑物墙面绿化中应用非常普遍，也可做地被	产于我国南部
五叶地锦		*P. quiquefolia*	葡萄科	落叶木质藤本，长达20m。掌状复叶，小叶5片，卵状椭圆形，秋叶红艳	喜光，能耐阴，耐寒	同异叶爬山虎	我国华北及东北地区有栽培
爬山虎		*P. tricuspidata*	葡萄科	多年生大型落叶木质藤本植物。掌状复叶。花多为两性，雌雄同株；聚伞花序着生在短枝上叶与叶之间	喜阴湿的环境，但不怕强光。耐寒，耐旱，耐贫瘠	同异叶爬山虎	在我国分布极广

中文名	别名	学名	科名	形态特征	生物特征	园林应用	适应地区
山葡萄		*Vitis amurensis*	葡萄科	藤本。嫩梢密被灰白色长茸毛。叶片厚，不分裂，叶缘锯齿浅而钝；叶柄洼心形。花单性	耐寒，耐干旱，抗疾病能力极强	地被和垂直绿化	原产于东北北部和中部
平枝旬子		*Cotoneasster horizontalis*	蔷薇科	常绿低矮灌木。叶小，近圆形或宽椭圆形。花粉红色。果近球形，鲜红色	喜光，稍耐阴。喜湿润和半阴的环境，较耐寒，但不耐涝	是布置岩石园、庭院、绿地和墙沿、角隅的优良材料	原产于我国西南、华中、西北地区
火棘	火把果	*Pyracantha fortuneana*	蔷薇科	灌木，高约3m。叶多为倒卵状长圆形，缘具圆钝齿。复伞房花序，花小、白色。梨果近球形，橘红或深红色	喜光，抗旱，耐贫瘠	是良好的庭园植物，可用做绿篱，也可植于草地及林缘	产于我国华东、华中及西南地区
麻叶绣线菊		*Spiraea cantonensis*	蔷薇科	落叶灌木，高达1.5m。伞形花序；花瓣近圆形或倒卵形。白色蓇葖果，直立开张	喜温暖和阳光充足的环境。稍耐寒、耐阴，较耐干旱，忌湿涝	各地庭院及公园常见栽培	南方各省区
笑靥绣线菊		*S. prunifolia*	蔷薇科	小灌木，高1~2m。全株有毛。叶子为椭圆形。花为雌雄同株，白色。果实为坚果	阳性，喜温暖、湿润气候	庭院观赏、丛植	全国各地
枸杞		*Lycium chinensis*	茄科	落叶灌木，高达1m。叶菱状卵形或卵状披针形。花淡紫色。浆果鲜红色，卵圆形或长圆形	喜光，耐旱，耐寒，耐碱	地被、绿篱和庭院绿化	产于我国辽宁以南、云南以北各地
异穗苔草		*Carex heterostachya*	莎草科	多年生草本。具长匍匐根状茎；秆高20~30cm。叶基生，短于秆。穗状花序。小坚果倒卵形	喜冷凉气候，耐寒力很强。耐干旱和盐碱	做公园、风景区、庭院观赏草坪	分布于东北地区和河北、山西等地
朱顶红	百枝莲、对红、孤挺花	*Amayllis belladonna*	石蒜科	多年生鳞茎植物。叶基生，长带形。花大型，漏斗状，红色、玫瑰红色或白粉色等	喜温暖、湿润和不过于强烈的阳光	适于做切花和盆栽或地栽以点缀山石	原产于热带、亚热带地区

中文名	别名	学名	科名	形态特征	生物特征	园林应用	适应地区
苔藓类		*Bryophyta*	苔藓植物门	没有真根，只有单细胞或单列细胞的假根。叶片由一层细胞构成，没有叶脉	一般生长在潮湿和阴暗的环境中	地被、阴湿环境的地表和石壁、墙壁	分布于热带、亚热带地区
菖蒲	水菖蒲	*Acorus calamus*	天南星科	多年生挺水型草本植物。全株有特殊香气。叶基生，剑状线形。肉穗花序黄绿色。浆果红色	最适宜生长温度为20~25℃，喜水湿	宜布置于水景岸边浅水处	广泛分布于我国南北各地
金银花		*Lonicera japonica*	忍冬科	木质藤本。花蕾呈长棒状，上粗下细，略弯曲，长2~3cm，外表黄白色或绿白色，气清香，味淡，微苦	喜温暖、湿润、耐寒、耐旱、耐涝	保土、保水、绿化环境	我国大部地区有产，以山东产最多
忽地笑	铁色箭	*Lycoris aurea*	石蒜科	多年生草本植物。叶基生，质厚。宽条形伞形花序，花黄色或橙色	喜温暖、湿润的环境，耐寒性略差	在半阴的林下成片栽植或点缀于岩石园内	原产于我国福建、台湾一带
白颖苔草		*Carex rigescens*	莎草科	多年生草本。匍匐根状茎，秆高5~40cm。叶片扁平。穗状花序卵形或矩圆形。小坚果宽椭圆形	喜冷凉气候，耐寒力强。耐干旱，耐瘠薄	用于公园、风景区、庭院观赏草坪或适当践踏的休息草坪	分布于华北、西北等地
羽裂蔓绿绒	裂叶喜林芋、春羽	*Philodendron scandens (pittieri)*	天南星科	多年生常绿草本。茎直立。叶片大，羽状全裂；叶柄长，深绿色	喜温暖、湿润和半阴环境。不耐低温，怕干燥，生长适温为18~28℃	是家庭和公共场所应用最普遍的室内观叶植物之一	原产于南美洲巴西热带雨林
万年青	九节莲、冬不凋	*Rohdea japonica*	石蒜科	多年生常绿草本。叶矩圆状披针形。穗状花序顶生，花被球状钟形，白绿花。浆果球形，红色	喜温暖，稍耐寒。喜湿润，不耐旱。喜半阴，不耐阳光直射	常于林下、路旁栽植，广为盆栽观赏	原产于中国及日本
胶东卫矛		*Euonymus kiautschovicus*	卫矛科	常绿灌木或小乔木。枝条密生，平滑，绿色。叶为倒卵形或椭圆形，边缘有钝齿，表面深绿色、光亮	喜温寒性海洋气候，适应性强，耐寒，抗旱	多用于绿篱，适用于庭院、甬道、主干道绿带	原产于前苏联、日本等

中文名	别名	学名	科名	形态特征	生物特征	园林应用	适应地区
铁线蕨	美人粉、铁丝草	*Adiantum capillus-veneris*	铁线蕨科	多年生草本观叶植物，高10~40cm。叶柄细长而坚硬；叶片卵状三角形，深绿色	喜温暖、湿润和半阴的环境	适合小盆栽培和点缀山石盆景	广泛分布于热带、亚热带地区
八角金盘	八角盘、八手、手树	*Fatsia japonica*	五加科	灌木植物。叶片掌状分裂。花聚生为伞形花序，再组成顶生圆锥花序，花白色。浆果球形，紫黑色	喜温暖，畏酷热。较耐湿，怕干旱，极耐阴	适宜配植于庭院及建筑物背阴处，植于草坪边缘及林地	全世界温暖地区已广泛栽培
常春藤	爬墙虎、散骨风、枫荷梨藤	*Hedera nepalensis var. sinensis*	五加科	藤本。幼枝的柔毛星状。伞形花序通常数个排成总状花序。果实黑色，圆球状	性极耐阴，有一定的耐寒性	国内庭园中多栽培作为阴蔽、观赏植物	产于陕西、甘肃及黄河流域以南地区
鹅掌木	鹅掌柴	*Schefflera arboricola*	五加科	常绿乔木。掌状复叶互生。圆锥花序顶生，被星状短柔毛，花白色，芳香	喜温暖、湿润，不耐干旱、积水、严寒和空气干燥	室内大型盆栽观叶植物，也可在庭园孤植	分布于我国华南等地
南天竺	蓝田竹、天竹、阑天竹	*Nandina domestica*	石竹科	常绿直立灌木，高可达3m。叶互生。花白色，圆锥花序顶生。浆果球形，淡红色	喜光，也耐阴，喜温暖，又能耐寒	常与山石、沿阶草、杜鹃配植成小品，植于角隅、墙前	全国各地
绣球花（八仙花）	紫阳花、洋绣球	*Hydrangea macrophylla*	绣球花科	灌木，高达3~4cm。叶对生，倒卵形至椭圆形。顶生伞房花序近球形，粉红色、蓝色或白色	喜阴湿环境，不甚耐寒	在暖地可配植于林下、路缘、棚架边及建筑物之北面	原产于中国
蓝星花		*E. nuttallianus*	旋花科	半蔓性常绿小灌木，高30~60cm。叶互生，长椭圆形。合瓣花，花冠蓝色，中心白星形	喜高温，日照需良好，日照和水分只要充足，全年均能开花	适合庭院美化、花坛布置。做盆栽或地被	原产于北美洲
铺地锦竹草	翠玲珑	*Callisia repens*	鸭跖草科	宿根性草本，高10~20cm。叶对生，长椭圆形，全缘。花顶生，多数聚生呈球形或圆柱状	草质茎呈蔓性，能匍匐地面或悬垂生长。卵形肉质小叶，光泽明亮	适合作地被、屋顶铺面、阳台悬垂利用	原产于美洲热带地区

中文名	别名	学名	科名	形态特征	生物特征	园林应用	适应地区
葶花水竹草		*Murdannia edulis*	鸭跖草科	草本，高10~20cm。叶线状披针形，叶缘具有疏长茸毛。圆锥花序	生性强壮，耐旱、耐阴	适于庭院缘栽、做地被或盆栽	原产于中国及南亚至东南亚
莲子草	节节花、满天星、路花	*Alternanthera sessilis*	苋科	多年生草本，高13~45cm。茎细长，多分枝。单叶对生，椭圆状披针形或披针形。头状花序腋生，球形或矩圆形	生长需光。部分遮阴或部分光照	花坛及大型容器栽种，风景园林和花园地栽	分布于南方各地
雄黄兰		*Crocosmia crocosmiflora*	鸢尾科	多年生草本，高90~120cm。花冠漏斗形，有黄色至橙色品种	球茎耐寒，可留地下越冬	庭园观赏	全国各地均有栽培
马蔺		*Iris ensata*	鸢尾科	多年生草本，高约40cm。具短而粗的根状茎。叶基生，多数，灰绿色。花蓝紫色	抗逆性强，抗盐碱性和抗寒、抗旱性强	可建造美丽的绿地景观	在北京、河北、山西、新疆等地都有种植
九里香	千里香、月橘	*Murraya paniculata*	芸香科	常绿灌木，多分枝，直立向上生长。奇数羽状复叶互生。聚伞花序，花白色。浆果近球形	喜温暖的气候	在华南地区既可地栽，又宜盆植	分布于亚洲一些热带及亚热带地区
水龙		*Jussiaea repens*	柳叶菜科	多年生草本。根茎浮生水面或匍匐于泥中，长度可达2~3m。叶互生，叶片倒卵形至长圆状倒卵形。花单生于叶腋	生于水田或浅水池塘、沟渠或湿地	水面绿化	长江流域及其以南地区
西洋菜	豆瓣菜	*Nasturtium officinale*	十字花科	一、二年生水生草本植物，浅根性作物。分枝多，匍匐生长。叶为奇数羽状复叶，小叶片1~4对，卵圆或近圆形	喜欢冷凉，较耐寒，不耐热	水体绿化，也作蔬菜栽培	广东的栽培历史悠久，栽培面积大

中文名	别名	学名	科名	形态特征	生物特征	园林应用	适应地区
吊兰		*Chlorophytum cosmosum*	百合科	多年生常绿宿根草本花卉。叶丛生，线形，边缘或中间有纵的黄白色条纹。花白色	喜暖而畏寒	最为传统的居室垂挂植物之一	世界各地均有栽培
朱蕉	千年木、红竹	*Cordyline terminalis*	龙舌兰科	常绿灌木。茎直立。叶片长披针形，丛生于顶端，有紫红色或彩色的条纹。花白色	喜温暖、湿润和阳光充足的环境。不耐寒，怕涝，忌烈日曝晒	多作庭院观赏或室内装饰使用	原产于亚洲热带，中国和印度也有栽种
春羽	春芋、羽裂喜林芋	*Philodendron sellosum*	天南星科	多年生常绿草本观叶植物，植株高大，可达1.5m以上。叶为簇生型，全叶羽状深裂似手掌状，浓绿色，有光泽	喜高温、多湿，耐阴而怕强光直射，生长适温为15~28℃	适于布置大厅、室内花园、办公室及家庭的客厅、书房等处	原产于南美巴西的热带雨林中
绿萝	黄金葛	*Scindapsus aureus*	天南星科	多年生蔓性草本。茎间有节，节上长有气根，可随物体攀援伸长。叶片呈心形	喜温暖、湿润和半阴环境，怕强光直射	可作柱式或挂壁式栽培，还可吊盆栽植观赏	原产于印度尼西亚
白掌	白鹤芋、苞叶芋	*Spathiphyllum kochii*	天南星科	无茎或茎短。叶多为丛生状，长圆形或近披针形。花为佛苞，呈叶状，大而显著，高出叶面，白色或绿色	喜温暖、湿润、半阴环境，生长适温为20~28℃	室内观赏花卉	原产于哥伦比亚
合果芋	箭叶芋、丝素藤	*Syngonium podophyllum*	天南星科	多年生常绿草本植物，蔓生性较强。幼嫩的叶片呈宽戟状，成熟的叶片5~9裂，叶表绿色，常有白色斑纹	性强健，喜阳光，不耐阴。稍耐寒，耐旱力强	适合盆栽，也可种于阴蔽处的墙篱或花坛边缘观赏	原产于美洲热带地区
尖尾芋		*Alocasia cucullata*	天南星科	叶片小而叶尖长，外形像野生的芋头	喜温湿、半阴的生长环境。生长适温为20~30℃	做阴地地被	产于亚洲热带地区

中文名索引

参考文献

［1］赵家荣，秦八一. 水生观赏植物［M］. 北京：化学工业出版社，2003.

［2］赵家荣. 水生花卉［M］. 北京：中国林业出版社，2002.

［3］陈俊愉，程绪珂. 中国花经［M］. 上海：上海文化出版社，1990.

［4］李尚志，等. 现代水生花卉［M］. 广州：广东科学技术出版社，2003.

［5］李尚志. 观赏水草［M］. 北京：中国林业出版社，2002.

［6］余树勋，吴应祥. 花卉词典［M］. 北京：中国农业出版社，1996.

［7］刘少宗. 园林植物造景：习见园林植物［M］. 天津：天津大学出版社，2003.

［8］卢圣，侯芳梅. 风景园林观赏园艺系列丛书——植物造景［M］. 北京：气象出版社，2004.

［9］简·古蒂埃. 室内观赏植物图典［M］. 福州：福建科学技术出版社，2002.

［10］王明荣. 中国北方园林树木［M］. 上海：上海文化出版社，2004.

［11］克里斯托弗·布里克尔. 世界园林植物与花卉百科全书［M］. 郑州：河南科学技术出版社，2005.

［12］刘建秀. 草坪·地被植物·观赏草［M］. 南京：东南大学出版社，2001.

［13］韦三立. 芳香花卉［M］. 北京：中国农业出版社，2004.

［14］孙可群，张应麟，龙雅宜，等. 花卉及观赏树木栽培手册［M］. 北京：中国林业出版社，1985.

［15］王意成，王翔，姚欣梅. 药用·食用·香用花卉［M］. 南京：江苏科学技术出版社，2002.

［16］金波. 常用花卉图谱［M］. 北京：中国农业出版社，1998.

［17］熊济华，唐岱. 藤蔓花卉［M］. 北京：中国林业出版社，2000.

［18］韦三立. 攀援花卉［M］. 北京：中国农业出版社，2004.

［19］臧德奎. 攀援植物造景艺术［M］. 北京：中国林业出版社，2002.